GIUSEPPE SANNICANDRO

FINCHÉ C'È VITA C'È MONNEZZA!

VIAGGIO NEL MONDO DEI CAMION DELLA RACCOLTA RIFIUTI SOLIDI URBANI

ATTENZIONE!!!
QUESTO LIBRO É PIENO DI MONNEZZA - MANEGGIARE CON CURA

Questo libro è dedicato a tutti coloro che hanno a che fare con il mondo della raccolta rifiuti e in particolare con i veicoli per la raccolta rifiuti! Sì, perché l'argomento principale di questo libro è proprio questo:

CAMION DELLA MONNEZZA!

Leggendo **"Finché c'è Vita c'è Monnezza"**

- conoscerai le diverse tipologie di attrezzature per la raccolta **RSU**

- imparerai facilmente il vero significato di molti tecnicismi del settore

- scoprirai tutti i segreti sulle attrezzature per la raccolta rifiuti

- sarai in grado di riconoscere ogni tipo di attrezzatura

- capirai quali sono le attrezzature migliori per il tuo lavoro

© Copyright 2020 by Giuseppe Sannicandro

All rights reserved.

This document is geared towards providing exact and reliable information with regards to the topic and issue covered. The publication is sold with the idea that the publisher is not required to render accounting, officially permitted, or otherwise, qualified services. If advice is necessary, legal or professional, a practiced individual in the profession should be ordered.

- From a Declaration of Principles which was accepted and approved equally by a Committee of the American Bar Association and a Committee of Publishers and Associations.

In no way is it legal to reproduce, duplicate, or transmit any part of this document in either electronic means or in printed format. Recording of this publication is strictly prohibited and any storage of this document is not allowed unless with written permission from the publisher. All rights reserved.

The information provided herein is stated to be truthful and consistent, in that any liability, in terms of inattention or otherwise, by any usage or abuse of any policies, processes, or directions contained within is the solitary and utter responsibility of the recipient reader. Under no circumstances will any legal responsibility or blame be held against the publisher for any reparation, damages, or monetary loss due to the information herein, either directly or indirectly.

Respective authors own all copyrights not held by the publisher.

The information herein is offered for informational purposes solely, and is universal as so. The presentation of the information is without contract or any type of guarantee assurance.

The trademarks that are used are without any consent, and the publication of the trademark is without permission or backing by the trademark owner. All trademarks and brands within this book are for clarifying purposes only and are the owned by the owners themselves, not affiliated with this document

Questo libro è dedicato a due tipi di persone.

A quelli mi hanno sostenuto in questo progetto,
a chi ne era inconsapevole,
a chi lo ha fatto a voce alta,
a chi è bastato uno sguardo.

A quelli che non ci hanno mai creduto,
a chi ne era inconsapevole,
a chi lo ha fatto a voce alta,
a chi è bastato uno sguardo.

- Giuseppe Sannicandro -

CAPITOLO 1

INTRODUZIONE

UNA CATENA

Quello che davvero mi piace del mio settore è che la nostra azienda fa parte di una grande catena e noi ne siamo un piccolo anello. Siamo un anello di una lunga, lunghissima catena. Questa catena dei rifiuti parte da lontano, dalle persone e alle persone torna.

È cura dell'ambiente, è cura delle città in cui viviamo, è parte della vita di ogni persona. Perché, a meno che tu non sia un hippy che vive nei boschi in pace e unione con la natura... beh anche tu **PRODUCI DEI RIFIUTI!**

Non c'è nessuno che non produca rifiuti... <u>**TUTTI NOI SIAMO PRODUTTORI SERIALI DI RIFIUTI!**</u>

Anche un neonato "produce" rifiuti, non mi riferisco al "prodotto" all'interno dei pannolini, ma anche se vogliamo essere precisi, al pannolino stesso, alla plastica dell'involucro del pacco di pannolini, oppure la confezione del primo ciuccio, il ciuccio stesso quando dovrà essere cambiato, la scatola di plastica dello shampoo anti-lacrime, la confezione di vetro dell'omogeneizzato durante lo svezzamento, le confezioni di detersivi che usi per lavare il primo grembiulino all'asilo, le penne ormai senza inchiostro che usa a scuola... e puoi capire che, andare avanti così per ore è piuttosto facile.

Quindi quel bambino, per tutta la sua vita, avrà vissuto producendo rifiuti!

Davvero non c'è nessuno che non produca rifiuti. Non c'è mai un momento nella propria vita senza rifiuti.

Di conseguenza, questo settore in cui lavoro tocca davvero ogni persona, in ogni momento, sulla faccia della Terra.

Certamente non ci si pensa. Non è qualcosa che occupa un posto importante nei pensieri delle nostre giornate... quando le cose vanno bene!

Perché sicuramente ti sarà capitato di pensare al mondo dei rifiuti quando le cose non girano come dovrebbero.

Quando le strade non sono pulite.

Quando sei costretto a gettare il tuo sacchetto accanto al bidone, perché quello è pieno.

Quando vedi montagne di rifiuti negli angoli delle nostre città.

Quando il panorama di una bella campagna è interrotto da una discarica.

Quando il camion della monnezza blocca il traffico mentre vai al lavoro.

Bene... ma cosa c'entra tutto questo con me e con il mio lavoro, con la mia azienda?
La risposta è Semplice.

La mia azienda progetta e costruisce attrezzature per la raccolta e la gestione dei rifiuti solidi urbani.

Meglio conosciuti come **i camion della monnezza**!

CAMION DELLA MONNEZZA

Quei camion piccoli e grandi che girano per le città di giorno e di notte, con quegli omini con i vestiti tutti sporchi e colorati attaccati dietro! Ecco quali sono questi camion!

Spazzini, netturbini o operatori ecologici, come si chiamano da qualche anno a questa parte. Sono loro le persone che ogni giorno utilizzano questi mezzi, per pulire le strade e svuotare tutte le città dai rifiuti.

Adoro il mio settore e adoro il mio lavoro.

E, tornando alla catena di cui prima, credo che se facessi male il mio lavoro, parte di quei problemi, legati ai rifiuti, cui ho accennato potrebbero decisamente aumentare.

E questo non potrei accettarlo.

Per questo, con il mio lavoro, sento di avere una responsabilità enorme verso tutti i cittadini delle città italiane, ma anche spagnole, greche, portoghesi, rumene, francesi, sudamericane, polacche, svizzere, tedesche, croate, africane, bulgare e di così tanti altri paesi, dove è presente una delle nostre macchine.

Potrei risparmiare sui materiali costruttivi, guadagnerei di più (forse), ma così i mezzi si bloccherebbero e i bidoni colmi di rifiuti, non verrebbero svuotati per giorni interi.

Si è parlato e straparlato di emergenza rifiuti in tante città negli anni passati, quindi capisci di cosa parliamo.

Se chi utilizza i mezzi, non facesse mai manutenzione ordinaria e programmata sui mezzi, questi resterebbero fermi in riparazione e si creerebbero montagne di rifiuti ad ogni angolo.

Se costruissi mezzi complicati e difficili da usare, gli operatori ecologici che li usano, sarebbero più lenti e meno efficienti nel loro lavoro, così occuperebbero e bloccherebbero le strade, congestionando il traffico.

Con la mia azienda cerchiamo di contribuire con le nostre forze, con le nostre tecnologie, con l'esperienza e le conoscenze che abbiamo accumulato in più di 20 anni in questo settore, per rendere il nostro anello della catena dei rifiuti il più forte e resistente possibile, per migliorare, anche se di poco, le vite di tutti noi.

ALCUNE PREMESSE

Prima che tu prosegua con la lettura di questo libro, devo necessariamente fare alcune premesse che reputo importanti.

Ho prima immaginato e poi scritto questo libro, senza alcun intento accademico, bensì con una volontà di scambiare qualcosa, di condividere.

Ma perché la condivisione sia reale e sincera, dobbiamo immaginarci come fossimo, ad esempio in un bar, o se preferisci in un ristorante, che chiacchieriamo liberamente, come buoni amici.

Ciò significa che mi esprimerò come si fa tra amici, chi mi conosce sa che non amo essere formale quando non è necessario. Dovrai dunque perdonare qualche mia battuta o freddura e qualche parola che magari potrebbe farti storcere il naso!

In cambio però, avrai la sicurezza che tutto quanto scritto in questo libro sarà sincero e autentico, come una piacevole conversazione davanti ad un caffè.

Inoltre cercherò volutamente di evitare, per quanto possibile, l'uso di tecnicismi di settore o termini noti magari, solo ad ingegneri più esperti o a persone qualificate o con tanti anni di esperienza nel mondo dei camion della monnezza! Questo non perché non ne sarei in grado, ma semplicemente perché preferisco usare un linguaggio semplice, che sia comprensibile a chiunque, senza allungare il brodo come fanno tanti "esperti" che vogliono dire tanto e alla fine non dicono nulla di davvero utile.

Qualora mi trovassi costretto a scrivere un tecnicismo, cercherò sempre di darne una spiegazione quanto più chiara e semplice. Anzi, questi tecnicismi ci cui oggi magari sai qualcosa però hai alcuni dubbi, saranno proprio una delle cose che potrai padroneggiare alla fine della lettura di questo libro, questa è la promessa che ti faccio in questa introduzione.

Quindi voglio proporti uno scambio in cui vinciamo entrambi:

Tu dovrai astenerti dal giudicare il tipo di linguaggio e il mio stile, se dovessi sentirti offeso oppure oltraggiato da una parola "troppo forte", ti suggerisco di chiudere subito il libro. Nessuno ti obbliga a continuare a leggere! Anche se credo che, se vieni da questo settore, hai uno stomaco bello forte e non ti impressioni facilmente!

Dopotutto siamo nel business dei rifiuti, mica in quello degli orsetti di peluche, no?

D'altro canto, da parte mia, cercherò di essere il più chiaro ed esplicito possibile e di darti quante più informazioni che ti siano davvero utili e che tu possa applicare da subito nel tuo lavoro. Così otterrai una maggiore consapevolezza e conoscenza delle attrezzature per la raccolta rifiuti.

Queste conoscenze e informazioni che otterrai dopo la lettura di tutti i capitoli che seguono, ti saranno indispensabili se stai entrando adesso in questo settore, oppure, se hai già molta esperienza, magari potrai sciogliere qualche tuo piccolo dubbio.

Inoltre ho cercato di rendere la lettura di questo libro un po' meno pesante e a tratti magari divertente.

Se alla fine del libro se vorrai darmi una tua opinione o più probabilmente mandarmi a quel paese o lasciare la tua recensione, ne sarei davvero felice!

La seconda premessa che reputo necessaria riguarda i nomi e le città.

Purtroppo non potrò citare i nomi e i luoghi "reali".

Per mantenere un certo riserbo su alcune persone o aziende, non posso dire i loro nomi o le città dove queste persone vivono, ma ti assicuro che tutti i fatti e le storie che leggerai nelle pagine che verranno (e ne leggerai di belle!) sono davvero accaduti!

Ho dovuto (in alcuni casi) modificare i nomi dei protagonisti e i luoghi dove alcuni fatti si sono svolti, perché come puoi ben immaginare se stai leggendo questo libro, conosci come funziona questo settore... in molti casi se non ti dicessi il nome dell'azienda, ma ti dicessi in quale città lavora, capiresti comunque di chi sto parlando e ovviamente non posso comportarmi in un modo del genere.

Per cui mi limiterò a mantenere i fatti intatti, ma modificherò luoghi e nomi.

SÌ, MA TU CHI SEI?

Voglio anticipare una domanda che sono sicuro ti è passata per la mente prima:

Chi sei? E perché hai scritto questo libro?

Mi presento subito!

Mi chiamo Giuseppe Sannicandro, nato nel 1990, appassionato di musica e di buone letture. Ho sempre amato e studiato le lingue straniere e ne parlo fluentemente qualcuna, discretamente qualche altra.

Appassionato da sempre di tutto ciò che ha a che fare con la meccanica, i miei genitori mi raccontano spesso di quando, da piccolo fosse mia abitudine quotidiana smontare tutti i miei giocattoli e rimontarli in continuazione... anche se a volta c'era qualche pezzo in più che avanzava, senza sapere dove montarlo!

Sono entrato in questo difficile e splendido settore ufficialmente più di qualche annetto fa... si potrebbe dire dalla porta principale, perché sono entrato con il marchio inciso a fuoco di "figlio del titolare".

LA MELA NON CADE MAI TROPPO LONTANA DALL'ALBERO

Mio padre, Pasquale, è un uomo di quella generazione di persone che hanno lavorato sin da piccoli.

Da sempre ha avuto le mani dure e callose, di chi maneggiava gli attrezzi pesanti e sporchi del meccanico.

Sin da quando era un ragazzino ha sempre avuto la passione per la meccanica e per le macchine.

Era cresciuto lavorando sulle automobili, poi è passato a riparare i camion e infine a riparare e montare qualunque tipo di mezzo gli capitasse tra le mani.

Tra le altre cose aveva accumulato tantissima esperienza con un tipo particolare di macchine: i camion per la raccolta rifiuti.

Non era però mai soddisfatto del suo lavoro da dipendente... è sempre stato molto grato a chi gli ha dato lavoro, ma lui voleva qualcosa in più.

Quando io non ero che un bambino di 8 o 9 anni, decise che la passione da sola, non gli bastava più. Voleva qualcosa di diverso per sé, voleva qualcosa suo, un miglioramento della propria condizione, della propria vita. Ma non si trattava di denaro, ma di soddisfazione, di decidere del proprio tempo, del proprio lavoro e della propria vita.

Oggi scherziamo insieme che non avesse idea dentro quale casino si stesse buttando!!!

Così armato di voglia di fare, esperienza nel settore, grandi doti commerciali e coraggio misto a incoscienza, lasciò il suo vecchio e comodo posto di lavoro in quell'azienda che tanto gli aveva dato e alla quale ancora oggi è grato, per iniziare la sua nuova vita con quella che sarebbe stata la sua prima azienda.

Le ultime parole che il suo vecchio datore di lavoro gli disse quando gli comunicò la sua scelta furono: "Ma chi te lo fa fare? Vedrai quanti problemi e preoccupazioni avrai! Povero fesso!".

Che grande motivatore!

Io ero ancora troppo piccolo per capire quello che davvero stava facendo, e mio fratello Vincenzo era nato da poco, ma ricordo bene di tutte quelle volte in cui in vacanza, in macchina mentre guidava, lui si incollava dietro ad un camion della raccolta rifiuti e ci spiegava tutto quello che gli veniva in mente.

Ci indicava i vari componenti, ci spiegava i nomi, i funzionamenti, cercava di far entrare nelle nostre testoline, quante più cose possibili su quelle grosse, puzzolenti e strane macchine.

Ci spiegava che tipo di attrezzatura fosse, perché si chiamava così, ci faceva capire perché quel mezzo ero meglio dell'altro, i problemi che certe attrezzature avevano e le cose positive e lodevoli di altre.

Un'altra situazione tipica era quella di trovare sempre parcheggio accanto ai bidoni della raccolta differenziata e quindi si iniziava a parlare dei tipi di raccolta, dei tipi di bidoni e così via.

Ancora oggi, durante i nostri lunghi viaggi in macchina, nei rari momenti in cui il telefono smette di squillare, ci racconta spesso qualche aneddoto curioso delle sue prime esperienze...

Come quella in cui ha dovuto completare da solo con la sua squadra, senza disegni e progetti, senza ingegneri e progettisti, senza costosi software di disegno in 3D o altro aiuto, un prototipo di una nuova attrezzatura per un cliente.

Oppure quando fu gettato al centro di un incontro molto importante, per sostituire un collega che non si presentò, per parlare con politici e manager, per presentare e spiegare il funzionamento di un mezzo pagato con dei finanziamenti pubblici.

In tanti anni e tante esperienze, c'è sempre stata una costante per tutta la sua vita, sin dall'infanzia.

Quel suo desiderio di creare, di produrre.

Quel suo sogno di creare un proprio prodotto e di avere una propria azienda, un proprio marchio. La voglia di crescere e migliorare, quella di non fermarsi e non accontentarsi mai.

In una parola: ambizione. Positiva ambizione.

È questo forse, il merito più grande che riconosco a mio padre. Quello di essere riuscito a trasmettere a me e mio fratello, quella sete, quella voglia di non accontentarsi e di andare in fondo, di imparare sempre qualcosa di nuovo e di non fermarsi alla frase "abbiamo sempre fatto così", ma di chiedersi sempre il perché delle cose.

Ogni giorno dobbiamo imparare una cosa in più, qualcosa di nuovo, altrimenti quello è stato un giorno sprecato. Questa è una regola fissa che abbiamo imparato negli anni e applichiamo ogni giorno.

Ogni estate, da piccoli, finita la scuola, sia io che mio fratello Vincenzo, venivamo letteralmente presi dall'orecchio e gettati in officina, per iniziare a "lavorare" in officina e capire come funzionano le cose, per entrare nel settore non come dei privilegiati, ma dalla porta dalla quale tutti entrano... che poi, per dei bambini, è davvero una gran rottura, perché sei lontano dai tuoi amici e dai tuoi giochi estivi, quindi immagina la sofferenza che si provava a stare "rinchiusi" per otto ore al giorno in capannone bollente e rumoroso...

Però... Se oggi ripenso a quelle estati passate a bollire dentro il capannone, insieme ad altri operai... io sorrido e ne sono contento, perché se così non fosse stato, oggi non sarei qui, seduto al tavolo di un bar di un aeroporto polacco a scrivere l'introduzione di questo libro, il primo libro al mondo che parla di macchine per la raccolta rifiuti.

Così ormai quasi vent'anni dopo, io e mio fratello Vincenzo, lavoriamo in azienda accanto a nostro padre, a supportarci (a volte anche a sopportarci!) a vicenda per qualcosa di ormai più grande di noi: le nostre attrezzature!

'STO FIGLIO DI... TITOLARE!

Quella di entrare in un'azienda come "figlio del titolare", per chi non l'ha provata, potrebbe sembrare una strada facile e tranquilla... ma posso assicurarti che non lo è... anzi!

Perché?

Ecco le confessioni di un figlio di... titolare!

Beh, immagina di essere sempre e in ogni caso riconosciuto come "il figlio".

Hai addosso quest'etichetta che non puoi non mostrare, anche se vorresti nasconderla. Per cui, ottenere altri riconoscimenti o essere considerato per il tuo reale valore, per i tuoi reali meriti e per ciò che di buono fai, diventa un obiettivo davvero difficile.

In altri casi succede che sei sempre sotto osservazione di tutti, al centro di una grande la lente d'ingrandimento che ogni persona, in ogni momento, ha in mano.

Sotto questa lente d'ingrandimento c'è sempre tutto ciò che fai, le scelte positive, ma soprattutto gli errori che compi. Tutto questo è sempre sotto l'attenzione di tutti.

Prima di te, c'è sempre quel marchio di figlio.

I collaboratori, che in realtà dovrebbero essere tuoi colleghi, non ti trattano alla pari, mai, neanche quando devi ancora fare la gavetta e imparare. C'è chi è sempre pronto a coglierti in fallo o trarti in inganno in ogni occasione. E in questo caso devi stringere i denti, abbassare la testa e imparare con le tue sole energie ad essere più forte di tutta la corrente che ti rema contro.

Così, impari a imparare in fretta.

Ma c'è anche di peggio: chi non fa altro che lodare ogni tuo lavoro e non ti corregge mai. Magari per timore o perché vuole fare "colpo" su di te, fare una bella impressione, così che tu possa ricordartene e avere a tua volta un occhio di riguardo, raccomandarlo o aiutarlo.

Beh, francamente preferisco di gran lunga chi mi ostacola, a chi mi loda inutilmente. Almeno, nel primo caso, dovrò sforzarmi di più, ma comunque porterò a casa un risultato. Nel secondo caso non ho alcun margine di crescita.

Comunque sia, so bene di essere stato fortunato, diciamo anche privilegiato, questo è vero e non posso non riconoscerlo. Ma non di meno - passami l'espressione - devo farmi il culo quadrato, molto più della migliore delle persone che lavora nella mia azienda.

Non si può mollare mai un colpo.

Non ci si può risparmiare.

Mai.

Un altro motivo per cui mi reputo fortunato, è perché poche persone hanno avuto la mia stessa fortuna nell'avere una formazione direttamente dal big boss dell'azienda, sin da quando ero piccolo, da quando di questo lavoro non conoscevo assolutamente nulla.

Ti ho già raccontato delle "lezioni private" che mio padre teneva in auto, durante i viaggi, ma ci sono state e ci sono ancora oggi moltissime altre occasioni in cui la vita privata si mischia con quella professionale.

Così, sarebbe bello eliminare i pensieri dell'azienda quando si chiude la porta dell'ufficio, alla sera, ma la verità per un imprenditore è che non si può fare a meno di mischiare le due cose.

È assolutamente inevitabile, perché il nostro lavoro, le nostre aziende sono parte di noi e non possiamo dividere queste due parti.

Se anche tu sei un imprenditore come me, conosci e vivi questa condizione che è difficile in certi casi, ma davvero utile in molti altri, perché le idee migliori, non ti verranno mai quando sei immerso nel lavoro quotidiano, di fretta e furia o nelle urgenze di ogni giorno… no!

Le idee migliori, quelle che hanno maggior potenziale di crescita per la tua azienda puoi averle quando sei "rilassato" e non immerso in un contesto in cui devi essere operativo e attivo al 100%.

Sicuramente questa non è una regola universale, ma a me capita così: tutte le buone idee che ho avuto per la mia azienda, le ho avute mentre non ero in azienda.

Tra queste idee appunto, una fra tutte è proprio quella che adesso hai davanti a te: questo libro!

UN LIBRO? MA NON FARMI RIDERE!

Ma perché oggi hai questo libro tra le mani?

Ovviamente perché l'hai acquistato, ma non voglio dire questo! Intendo perché ho deciso di scrivere un libro su questo argomento?

La versione breve è questa: tra tutti gli argomenti di cui poter parlare, tra tutti i temi molto più interessanti che ci sono, ho scelto di scrivere un libro che parla del mondo delle attrezzature della raccolta rifiuti, perché credo di avere le carte in regola per farlo, ma soprattutto perché un libro su questo argomento è necessario!

C'è una storia dietro questa scelta e vorrei raccontartela.

Ecco la vera storia dietro il primo libro al mondo sui camion della monnezza...

Era un dicembre di qualche anno fa e mi trovavo da un mio cliente, Stefano.

Stavamo consegnando delle attrezzature per il nuovo appalto che l'azienda di Stefano aveva vinto. Per la precisione le attrezzature erano dei costipatori piuttosto interessanti, perché erano davvero pieni di optional particolari e di diversi comandi richiesti appositamente dal cliente. Non erano proprio dei normali costipatori standard, tuttavia erano comunque costruiti e pensati sempre nel modo che ci contraddistingue: semplici, veloci e facili da usare.

Come da prassi, durante la consegna dei nostri mezzi, ci mettiamo a disposizione per spiegare come funzionano i mezzi e dare tutte le informazioni necessarie al cliente, o meglio, agli operatori che avrebbero utilizzato quei mezzi.

Il nostro cliente aveva organizzato una giornata di open-day aziendale, per lo stesso giorno della consegna di quei costipatori, per inaugurare l'inizio del nuovo appalto.

Se hai mai preso parte ad uno di questi eventi, puoi immaginare quanta gente ci fosse.

Tutte le famiglie degli operatori, mogli, mariti, figli, cugini e nonni, alcuni avevano invitato anche amici e conoscenti.

In somma, una marea di gente.

Gli operatori dell'azienda di Stefano mostravano il loro luogo di lavoro, cosa facevano e quali strumenti utilizzavano. C'era anche un catering che serviva un ottimo buffet e un DJ che suonava musica allegra.

Noi, ovviamente sapendo prima dell'evento avevamo chiesto a Stefano di spostare la data di consegna, ma lui, il titolare dell'azienda di servizi, aveva deciso che invece sarebbe stato bello mostrare dei mezzi nuovi (e puliti) alle famiglie di tutti i collaboratori.

E così facemmo.

C'eravamo io, mio fratello e mio padre, e altre duecento persone circa.

Così iniziammo a mostrare i nuovi mezzi e spiegare quanto necessario. In realtà chi parlò in quell'occasione principalmente furono solo mio padre e mio fratello Vincenzo, mentre io ero sempre vicino al buffet!

Quel giorno però successe qualcosa che non ci aspettavamo...
Dal manipolo di persone intente ad ascoltare, iniziarono ad arrivare delle domande sui mezzi. Domande su come si chiamavano le varie parti, su come funzionavano, su quali fossero le sicurezze che

proteggevano gli operatori in caso di guasto, su perché funzionavano in quel modo e tante altre domande.

Ovviamente avevamo tutte risposte a quelle domande, ma francamente non ci aspettavamo minimamente una partecipazione così tanto attiva!!!

Ne rimasi entusiasta!

Così lasciai il buffet e iniziai a prendere nota di tutte quelle domande, che non soltanto venivano poste dai familiari, ma anche da molti operatori e da altri collaboratori dell'azienda, che nulla avevano a che fare con le macchine per la raccolta rifiuti, ma erano curiosi di capirne e saperne di più.

Fu in quel momento che mi si balenò per la prima volta l'idea di mettere insieme quelle domande e raccoglierle in maniera ordinata.

Pensai che se quelle persone avevano così tante domande dopo aver assistito ad una dimostrazione così semplice e breve sui nostri costipatori, c'erano sicuramente altre persone desiderose di informazioni e nozioni su quell'argomento.

Così ho iniziato a fare ricerche per vedere se ci fossero già dei libri o se qualcuno avesse già scritto su questo argomento...

Ovviamente puoi immaginare già la risposta: il deserto più assoluto!

Decisi, allora, di iniziare a scrivere un libro partendo proprio dalle domande che ci furono poste quel giorno.

Dopo una normale giornata di lavoro in azienda, a seguire clienti e risolvere problemi, la mia giornata non finiva, anzi ho dovuto cercare e trovare le energie per ricominciare e rimettermi, testa china sul computer a riempire pagine bianche e vuote.

Il risultato di mesi e mesi di lavoro, ore di letture e ricerche, ore rubate al sonno, alla famiglia e al divertimento, è adesso tra le tue mani.

Spero vivamente che possa aiutarti anche solo un pochino e mostrarti qualcosa di questo meraviglioso mondo!

Sono disponibile a ricevere qualunque commento che vorrai lasciarmi, e sarebbe davvero bello ricevere una tua recensione su questo libro!

Quindi iniziamo questo viaggio!

E come auguro spesso ai miei clienti... *Ti auguro tanta monnezza!!!*

UNA BUSSOLA

Quando cercavo di capire chi fosse il destinatario ideale di questo libro, francamente ho avuto davvero numerosi problemi.

Nel marketing si dice di avere sempre ben chiaro un target ideale di pubblico, di cliente o in questo caso di lettore.

Nel lavoro che hai fra le mani, ho eluso ogni regola di marketing perché ho voluto scrivere un libro che potesse essere utile (si spera almeno un po'!) a tutti quelli che hanno a che fare con le attrezzature per la raccolta rifiuti.

Quindi dovresti leggere questo libro:

- Se acquisti attrezzature per la raccolta rifiuti

- Se utilizzi e lavori con i camion per la raccolta rifiuti

- Se in generale il tuo lavoro ha a che fare con le attrezzature per la raccolta rifiuti

Ovviamente ci sono anche persone a cui **NON CONSIGLIO** di proseguire oltre:

- Se sei una di quelle persone che si sente già "arrivato" nella vita

- Se pensi di essere un veterano del settore e nulla più ti può essere utile a migliorare

- Se credi di sapere già tutto tu... e allora ti dico BRAVO!

Se pensi di rientrare in una di queste ultime tre categorie di persone, ti invito subito a lasciare stare questo libro, perché il suo contenuto potrebbe, per certi versi, indisporti o addirittura farti arrabbiare!

Se invece rientri in una delle prime tre categorie, sei il benvenuto!

Continua questa lettura e spero che questa esperienza non ti deluda.

Stiamo per entrare nel vivo di questo libro, entreremo nei dettagli più sporchi e maleodoranti dei camion della monnezza!

UN PO' DI ORDINE

Ora voglio farti una breve presentazione dei capitoli che seguiranno, in questo modo il percorso che faremo insieme ti sarà più chiaro e saprai cosa verrà trattato in ciascun capitolo. Così, qualora dovessi avere domande o dubbi, saprai già se e quando quell'argomento verrà trattato.

Attenzione perché, l'ordine dei capitoli non è casuale, ma è studiato per guidarti da argomenti più semplici e introduttivi, fino ad argomenti più complessi, o comunque per i quali sono necessarie le basi gettate nei capitoli precedenti.

CAPITOLO 1 - INTRODUZIONE

In questo capitolo poniamo le premesse utili per proseguire in tutto il resto del libro. È quello che hai letto finora... praticamente... e lo so che mi sto dilungando molto!!!

OBIETTIVI DEL CAPITOLO
Avere le idee chiare per proseguire in maniera chiara ed efficace nel resto della lettura.

CAPITOLO 2 - UN PO' DI FILOSOFIA

Qui vedrai quali sono le nostre filosofie aziendali e personali, le nostre politiche, le nostre idee e i principi sui quali basiamo la progettazione e la produzione delle nostre attrezzature.

OBIETTIVI DEL CAPITOLO

Condividere alcune idee importanti per capire le scelte che vengono fatte e i motivi di certe scelte e comportamenti.

CAPITOLO 3 - LE ATTREZZATURE

Nel terzo capitolo finalmente entriamo nel vivo del libro. Qui troverai tutte le informazioni sulle attrezzature, quali sono le categorie di attrezzature esistenti, quali sono le differenze tra queste categorie, pregi e difetti e qualche tecnicismo spiegato in maniera chiara e semplice.

OBIETTIVI DEL CAPITOLO

Arrivare ad ottenere un livello di conoscenze tale da sciogliere tutti i dubbi che non si è mai avuto possibilità di sciogliere in merito alle attrezzature per la raccolta rifiuti.

CAPITOLO 4 - LE VASCHE

In questo capitolo partiamo dalle basi, analizzando la prima categoria di attrezzature.

OBIETTIVI DEL CAPITOLO

Ottenere delle informazioni e delle conoscenze su argomenti fondamentali, senza rimanere bloccati davanti a tecnicismi e parole di cui non si conosce il significato.

CAPITOLO 5 - I COSTIPATORI

Passiamo alla seconda categoria, l'evoluzione delle vasche.

OBIETTIVI DEL CAPITOLO

Capire le differenze tra le vasche e i costipatori; scoprire come funziona la compattazione in un costipatore.

CAPITOLO 6 - I COMPATTATORI

Vediamo l'attrezzatura per eccellenza: il compattatore!

OBIETTIVI DEL CAPITOLO

Scoprire quali sono le parti che compongono un compattatore e tutti i loro dettagli.

CAPITOLO 7 - LA COMPATTAZIONE

Breve capitolo per scoprire i segreti dell'arte della compattazione dei rifiuti!

OBIETTIVI DEL CAPITOLO
Vedremo come funziona la compattazione e come che cos'è il rapporto di compattazione

CAPITOLO 8 - NON FARTI PRENDERE PER IL CUBO

In questo capitolo tratteremo di un aspetto importante: il volume!

OBIETTIVI DEL CAPITOLO
Smontare delle convinzioni che forse sono contro-producenti per tutti!

CAPITOLO 9 - IL MONOSCOCCA

Con questo capitolo torniamo ad analizzare le attrezzature, con la categoria dei monoscocca.

OBIETTIVI DEL CAPITOLO
Scoprire i vantaggi e gli svantaggi di questo tipo di attrezzatura, le differenze con altre tipologie e come riconoscere subito un monoscocca!

CAPITOLO 10 - LE MULTI-ATTREZZATURE

Ultima categoria "bonus" di attrezzature, che va molto di moda in questo periodo!

OBIETTIVI DEL CAPITOLO
Scoprire i diversi tipi di multi-attrezzature, alcuni dei nostri modelli e capire quando possono essere utili queste tipologie di attrezzature.

CAPITOLO 11 - LE SACRE SCRITTURA DEI CAMION DELLA MONNEZZA

Parliamo di alcuni tecnicismi di settore e ne spieghiamo il significato.

OBIETTIVI DEL CAPITOLO
Capire cosa si nasconde dietro paroloni come "MTT" e "portata utile legale" e portare alla luce "usanze" non proprio corrette del settore!

CAPITOLO 12 - CONCLUSIONE

Qui finisce tutto e ci diciamo arrivederci!

OBIETTIVI DEL CAPITOLO
Salutarci e rimanere in contatto!

CAPITOLO 2

UN PO' DI FILOSOFIA

AMAZON

Di sicuro conosci *Amazon*.

L'azienda colosso mondiale che fattura cifre astronomiche di miliardi di dollari all'anno, vendendo e consegnando a casa qualunque tipo di oggetto immaginale. Se vuoi comprare qualcosa online, di sicuro, come me, cerchi prima su Amazon. E il risultato, nel 99% dei casi è positivo. Se quell'oggetto esiste, c'è su Amazon.

Amazon vende tutto, a tutti.

Ora non voglio parlarti di quanto sia impressionante un'azienda come Amazon, delle capacità che hanno di consegnarti a casa in 24 ore un prodotto, o in alcune città anche in 30 minuti, e tantomeno voglio entrare nella discussione sull'etica del lavoro di Amazon con i suoi dipendenti. Non è questo il luogo giusto per parlarne.

Ho voluto introdurre questo capitolo accennando ad un'azienda come Amazon, perché voglio farti capire un concetto che per me è importantissimo.

Sto parlando del concetto della focalizzazione.

Foca-chè?

FOCALIZZAZIONE... ma permettimi di entrare nei dettagli!

LA FOCALIZZAZIONE

Come già detto prima, Amazon vende qualunque tipo di oggetto esistente. Pensa che esiste addirittura un servizio di streaming video di Amazon ed anche un servizio che si chiama *Amazon Fresh*, che per capirci sarebbe fare la spesa online, dal tuo divano, muovendo solo un dito sul tablet.

Ecco... noi crediamo in un principio molto DIVERSO da quello di Amazon.

Non potremmo vendere di tutto a tutti, come fa un ipermercato o come può fare un colosso online!

Francamente non credo nelle aziende che, in nome del fatturato e con la volontà di guadagnare da ogni parte, a più non posso, fanno **TUTTO PER TUTTI**.

Non siamo seguaci di questa filosofia e ti dirò di più, uno dei parametri più importanti per scegliere un nostro fornitore è proprio quello della focalizzazione.

L'azienda deve occuparsi solo di un tipo di prodotto o servizio e non inseguire e spesso arrangiarsi in qualunque cosa gli capiti a tiro!

Così si comportano gli *opportunity seeker*, i ricercatori seriali di opportunità di facile guadagno, a scapito della qualità e del risultato per il cliente.

Spesso mi viene da ridere quando leggo le descrizioni aziendali presenti sui siti della maggior parte delle aziende.

In tutti i siti c'è la frase "Azienda leader del settore"! Ma tu pensa, tutte le aziende sono leader del proprio settore!!!

E poi magari continua dicendo "Siamo specializzati in sensori, finecorsa, telecamere a circuito chiuso, cavi elettrici, cablaggi, elettrovalvole, valvole di sicurezza, cilindri idraulici, cilindri pneumatici, tubi flessibili, distributori idraulici, ventilatori industriali, impianti di condizionamento, bulloni, guanti, guanti da cucina, coltelli, martelli, macchinari per il taglio laser, taglio ad acqua, barba e capelli... eccetera eccetera eccetera..."

Cogli anche tu il problema? Capisci il controsenso?

A meno che tu non sia davvero Amazon o qualche altro colosso americano, sicuramente NON PUOI essere specializzato in troppe attività e in troppi prodotti diversi!

È impossibile!

Aggiungiamo anche che se hai un'azienda che conta cinque dipendenti, tre dei quali sono tu, tuo figlio e tua moglie (sicuramente in amministrazione, perché è brava con i numeri!) allora il controsenso diventa davvero ridicolo e paradossale... e anche pericoloso!

Per me, se la tua azienda è specializzata in una cosa, deve fare quella sola cosa e non altro. PUNTO.

Non solo dal punto di vista marketing e di vendite la cosa diventa ridicola, ma dal punto di vista dell'organizzazione della produzione, della delivery del servizio o anche dal punto di vista finanziario... più cose fai, meno concentrazione ci metterai, in ogni senso.

Se questo argomento ti interessa ti suggerisco uno dei testi fondamentali che spiegano e dimostrano in maniera chiara e puntuale questo principio, "Focus" di Al Ries, che puoi facilmente acquistare... indovina dove? Su Amazon naturalmente!

Quindi puoi ben capire come per me, nel mio lavoro, uno dei principi cardine sia proprio quello di fare una cosa sola e farla bene!

Nel nostro caso, noi siamo specializzati nella costruzione di veicoli per il trasporto rifiuti solidi urbani... o come mi piace chiamarli...

Camion della monnezza!

Non facciamo altro, non produciamo altri tipi di attrezzature. Potremmo? Certamente e saremmo tecnicamente capaci di farlo, senza problemi! Ma abbiamo capito che per poter dare il miglior prodotto possibile ai nostri clienti, è necessario concentrare tutte le nostre forze, da ogni punto di vista, su un solo tipo di prodotti, i camion della monnezza.

DI CHI È IL MAGGIOR VANTAGGIO?

Ma sai chi trae più vantaggio da questa filosofia? Chi davvero esce vincitore in questo modo sono i nostri clienti.

Perché così hanno sempre un servizio veramente professionale, dalla richiesta di informazioni, fino alla firma dell'ordine, a dopo la vendita, con un servizio post-vendita effettuato da tecnici veramente specializzati e non da persone improvvisate.

In merito a questo voglio raccontarti una storia un po' personale, che ci tocca da vicino, quando, devo ammetterlo, di focalizzazione aziendale non c'era neanche l'ombra.

Qualche anno fa, uno dei nostri clienti più importanti di quei tempi, ci aveva fatto richiesta di schede tecniche e offerte per diverse attrezzature per una gara di una città della Romania. Il bando di gara, come spesso capita, era un grande calderone di ogni tipo di attrezzature per la gestione rifiuti e non solo.

Compattatori, lava-cassonetti, costipatori, cassoni scarrabili, mezzi lavastrade, autospurgo, vasche in alluminio su mezzi elettrici e semirimorchi con compattazione!

In pratica, un calderone di attrezzature, poche unità per ogni tipologia che chiedevano molte ore di progettazione, che avrebbero eroso completamente il margine di profitto che potevamo avere su ogni attrezzatura.

Non ti nascondo quanto fossimo davvero scettici a parteciparvi: troppi mezzi, troppi prototipi e troppe cose diverse...

In realtà non avevamo molta fiducia nell'esito positivo della gara, ma per non scontentare il cliente decidemmo di parteciparvi comunque. Così testa bassa e sotto a studiare e progettare.

Consegnammo tutte le schede tecniche al cliente e lui andò in gara e vuoi sapere come andò a finire la gara? Beh... il cliente vinse la gara e così noi insieme a lui!

In quel momento l'atmosfera in azienda era un misto di gioia e timore.

Avevamo vinto una gara di alto valore, ma proponendo attrezzature con diversi prototipi, che non avevamo mai prodotto prima di quel momento...

Il tempo andava avanti e la progettazione avanzava. Ai tempi non avendo un ufficio tecnico vero e proprio come oggi, gli studi sulle soluzioni tecniche da apportare sui mezzi si facevano dal vivo!

Cosa intendo?

Intendo dire che non c'era un software di disegno tecnico in 3D con il quale puoi simulare i tipi di materiali, i carichi, i pesi, le interferenze e i movimenti che avrebbe fatto quell'organo! Tutto si faceva dal vivo, cioè per dirla brutta, si acquistavano le lamiere, si lavoravano e si studiava direttamente su quelle! Pazzesco!!! Ma quelli erano davvero altri tempi. Ti parlo di tanti anni fa, quando tutto era ben diverso da oggi!

Comunque sia, al di là del costo che questo comportava, alla fine i risultati venivano sempre fuori, in un modo o nell'altro.

Il problema fu però un altro. Concentrando i capitali, l'ingegno e tutto il nostro tempo su alcuni prototipi non riuscimmo a farne altri...

Sai poi cosa avvenne?

Quello che avevamo studiato e fabbricato era bello, fatto per bene e consegnato al cliente... ma l'ultimo prodotto, un compattatore a carico laterale... ERA A ZERO!

Alla fine per riparare alla nostra mancanza decidemmo di acquistare un'attrezzatura da un costruttore specializzato in quel tipo di attrezzatura e di consegnarla al cliente...

Semplice ed efficace... ma non certo il nostro vero lavoro...

In tutto questo "grande affare" ci rimettemmo una buona parte del margine che avevamo guadagnato con la produzione degli altri mezzi.

Che grande fregatura!

Imparammo così, sulla nostra pelle, il valore di concentrarsi, di focalizzarsi su ciò che sappiamo fare meglio e nel quale siamo diventati più bravi e veloci!

LE LISTE DI CONTROLLO, OVVERO LE CHECKLIST

Uno dei principi di cui voglio parlarti in questo capitolo è quello delle liste di controllo, o più comunemente note come le checklist. Come puoi immaginare le checklist dovrebbero essere uno degli aspetti fondamentali in qualunque azienda.

Sulla carta così dovrebbe essere, ma la verità è che le procedure, le checklist, i manuali e tutti gli altri documenti, in realtà, sono buoni solamente per riempire il raccoglitore dei documenti che riguardano la ISO 9001, ossia la certificazione di qualità.

Ti ho detto sin dal principio di questo libro, che non avrei risparmiato niente e nessuno, quindi anche nel caso della certificazione stai per leggere cose che difficilmente troverai nero su bianco, scritto in un libro.

Se presa di per sé la certificazione di qualità, è cosa buona e giusta. Questa dovrebbe garantire la qualità bel processo di produzione e controllo.
Ma la realtà dei fatti è un'altra.

Queste certificazioni una volta ottenute, restano sul fondo dell'ultimo armadio del cassetto dell'archivio freddo e buio nel sottoscala del magazzino dell'azienda. Vedono poi la luce del sole, soltanto nei momenti dei controlli annuali per poi tornare al buio, a raccogliere polvere.

Se di per sé, la certificazione di qualità dovrebbe essere una sorta di garanzia di qualità, purtroppo questa è talmente teorica e astratta dall'azienda per la quale sarebbe stata ideata, che si rivela essere soltanto un inutile spreco di carta, la cui vera funzione è quella di escludere da bandi di gara pubblici, chi non l'ha ottenuta oppure chi non ha mai speso i soldi necessari a comprarla. Perché sono tanti i casi in cui accade questo!

È mia opinione che, il vero limite di una certificazione di qualità, è che le procedure contenute al suo interno non sono costruite e studiate nella reale quotidianità dell'azienda, ma spesso sono davvero astratte e solo teoriche.

È per questo che in azienda adottiamo e utilizziamo procedure, processi, sistemi e checklist studiate e create, in base alle nostre reali necessità, ma soprattutto in base ai suggerimenti che otteniamo dai nostri clienti, sia sulle nostre attrezzature, che sui nostri processi aziendali.

Siamo di certo ben lontani dall'aver terminato questa lunga fase di codifica e creazione di liste e processi, ma è questa la direzione che ci siamo dati.
Il risultato che otteniamo in questo modo è ben diverso da quello che si ottiene con una certificazione di qualità bell'e fatta!

Qual è il risultato nell'adottare sistemi e procedure create dall'interno?

I risultati sono due e voglio spiegarteli al meglio, uno alla volta.

YOU GOT THE POWER

Il primo risultato di avere dei sistemi creati dall'interno, è che hai creato dei sistemi realmente utili alla tua azienda, che ti danno la possibilità di avere il controllo.

Alla parola "controllo" qualcuno potrebbe storcere il naso, ma se lo fai è perché ancora non ho spiegato che cosa voglio dire.

Con controllo non intendo il controllare in maniera ossessiva quello che fanno i collaboratori dell'azienda, non controllo delle persone.

Non sto parlando di quel tipo di controllo, quello che magari è il controllo che fa il capo cantiere o il capo officina.

Quel tipo di controllo, è inutile in un ambiente di lavoro sano dove c'è rispetto e dove tutti hanno in comune lo stesso orizzonte, la stessa direzione e remano sempre avanti, anche quando il mare è in tempesta e le onde sono alte!

Il controllo di cui parlo è il controllo che ogni imprenditore dovrebbe avere sulla propria azienda. Se stai pensando al controllo di gestione, non si tratta semplicemente di quello, ma di qualcosa di più ampio.

Quello che le nostre procedure, i nostri sistemi interni ci permettono di avere, è il controllo delle situazioni, in tutti i suoi significati.

Ogni persona, nel momento in cui sta svolgendo una determinata azione, che faccia o no parte del proprio ruolo, sa esattamente cosa fare, come procedere, come agire e come controllare il suo operato, per portare il margine di errore il più vicino possibile allo zero.

Se quanto hai letto ti sembra fantascienza o una cazzata bella e buona, lascia che ti introduca il secondo risultato che si ottiene nell'avere delle procedure aziendali create e gestite dall'interno.

NON SI FINISCE MAI!

Il secondo risultato è per così dire un risultato buono a metà.

Infatti il rovescio della medaglia è proprio quello che il risultato finale non si otterrà mai.

Sicuramente la tendenza è e deve essere, volta al miglioramento costante.

Se questo può sembrarti un concetto scontato, ti invito a guardarti intorno o a pensare a tutte quelle persone e aziende con cui hai a che fare ogni giorno: quante di queste scelgono giorno per giorno, in maniera costante e continua di migliorare, di crescere, di formarsi e di aumentare le capacità del proprio personale, di lavorare costantemente al miglioramento dei propri prodotti e di lavorare meglio con i propri clienti e fornitori?

Il panorama che ci circonda oggi in Italia non è certo dei più favorevoli, specie al Sud.

Spesso rifletto sul fatto che siamo talmente abituati a ricevere un servizio pubblico mediocre, che nel momento in cui spetta a noi offrire un servizio o un prodotto, ci adeguiamo a quegli stessi standard che ci circondano!

E questo è terribile!

Francamente mi sono scocciato di partecipare a questa giostra. Il gioco che voglio fare è un altro. Per ora siamo in pochi a voler giocare a questo gioco, e questo rende le cose molto più difficili, ma vorrei poter essere un esempio di mentalità diversa da quella media che ci circonda. Conosco tante persone capaci che si impegnano ogni giorno, che si fanno il culo quanto una capanna senza sosta, in questa direzione! La strada è in salita, ma il panorama è davvero meraviglioso!

Per tornare quindi al secondo risultato, la maledizione, ma anche la bellezza di questo approccio è proprio il suo non avere una reale fine.

Perché per ogni nuova procedura o sistema che documentiamo, ne viene fuori un'altra che si aggiunge alla lista. È un percorso questo che non ha fine, ma è proprio questo mirare e tendere alla perfezione, che ti assicura un margine praticamente infinito, di crescita e di miglioramento.

Questo penso, valga tanto per un'azienda, intesa come organismo intero, che per le persone che questo organismo lo formano e lo vivono ogni giorno.

Con tutto questo, ho voluto farti capire l'importanza che hanno per noi le procedure.

Durante il post vendita, duranti i controlli, prima la consegna di un veicolo, durante la preparazione di un preventivo e durante la produzione di un compattatore e così via.

Tutto segue le procedure e viene documentato.

PS: un grazie di vero cuore a chi ha lavorato e continua a farlo, su questo aspetto fondamentale dell'azienda!

FOOLPROOF: OVVERO A PROVA DI...

Uno dei principi che mi piace di più e che davvero sentiamo ripetere ogni giorno in azienda è quello del "*Foolproof*" (per fare i fighi) ma usando davvero il modo in cui tutti lo conosciamo: "a prova di scemo".

Lo so, non è per nulla "politicamente corretto", ma pazienza, so che mi perdonerai perché e il modo che rende meglio quanto voglio spiegarti e sai che non è detto in maniera offensiva!

Voglio subito confessare che l'artefice di questo principio non sono io... ma è mio padre!

Da che ne ho memoria, mio padre ha sempre ripetuto costantemente queste frasi:

"Le cose migliori sono quelle più semplici!"

È un mantra!!! Ogni occasione è giusta per ripetere questa frase: "Le cose vanno fatte A PROVA DI SCEMO".

Quindi puoi immaginare facilmente come anche questa filosofia sia passata dal nostro quotidiano, al nostro lavoro!

In azienda dunque, la frase viene declinata in questo modo:

Dobbiamo fare macchine a prova di scemo!

Ma cosa significa in realtà questa frase in concreto?

Il significato è piuttosto banale: se una cosa è fatta in modo tale che una persona qualunque, non esperta, debba impegnarsi davvero tanto per capirla, quella cosa allora, non è fatta bene! Rendo l'idea?

Spesso mio padre dice "facciamo questa modifica, perché le cose devono essere a prova di scemo!" come se anche un bambino con un minimo indispensabile di infarinatura si avvicinasse a provare e manovrare un'attrezzatura. Deve essere fatto tutto in maniera semplice.

Ad ogni livello, progettazione, produzione, utilizzo, sicurezza e manutenzione.

Anche perché, le nostre attrezzature vengono utilizzate da persone che svolgono un tipo di lavoro molto particolare. Gli operatori, che davvero stimo e ammiro per il duro lavoro che compiono ogni giorno, hanno fretta di fare il loro lavoro e di farlo nel più veloce dei modi possibili. Non possono mettersi lì a studiare un'attrezzatura complessa o troppo (e inutilmente) elaborata, piena di pulsanti e selettori e comandi superflui e incomprensibili!

L'obiettivo è finire il turno svuotando quanti più bidoni possibile. E ti ripeto che è un lavoro davvero duro!

Con qualunque tempo, caldo, freddo, pioggia o neve, loro devono uscire là fuori e svuotare quei bidoni, altrimenti le nostre città sarebbero presto invase da cumuli di rifiuti e sarebbe il caos!

E se ricordi le notizie dei TG e le prime pagine dei quotidiani di qualche anno fa, non è poi uno scenario così improbabile come sembrerebbe!

Quindi quello che noi possiamo fare con le nostre attrezzature è facilitare il lavoro di questi operatori, il loro duro compito.

Come? Producendo attrezzature così facili da utilizzare che sono, appunto, a prova di scemo!!!

Però, non pensare all'idea della semplicità come qualcosa di riduttivo o semplicistico, perché al contrario, porta numerosi vantaggi.

- **Semplicità significa facilità di utilizzo.**

- **Facilità di utilizzo significa maggiore velocità.**

- **Maggiore velocità porta risparmi di tempo e soldi.**

Questi sono soltanto alcuni dei vantaggi che ci sono nel seguire questa filosofia.

Ma posso assicurarti che i vantaggi si trovano anche in fase di produzione e in fase di manutenzione delle attrezzature, manutenzione ordinaria e straordinaria.

Creare attrezzature semplici porta a non inserire troppa e superflua elettronica sulle macchine!

Così come per l'impianto oleodinamico, che diventa compatto ed ordinato, senza inutili aggiunte di tubazioni e parti disordinate e superflue.

Tutto è a portata di mano dei tecnici manutentori che non impazziranno nel cercare tutte le valvole nascoste chissà dove a ripercorrere i tubi lungo tutta l'attrezzatura.

Il risultato diventa ancora una volta, anche in questo caso, una maggiore velocità, che in questo settore è davvero un aspetto essenziale!

Infine un altro risultato, seppur secondario, ma comunque non di poco conto per i nostri gusti, è quello estetico!

Infatti rendere le cose semplici comporta inevitabilmente che l'aspetto estetico ne esca rinnovato e semplificato a sua volta, quindi l'attrezzatura assume un look semplice ed elegante.

Che forse per un camion della monnezza non è per niente male!

LE CAMPANE

L'ultimo principio di cui voglio parlarti, prima di entrare nel vivo di questo libro è quello delle "campane".

Se prendessimo in esame uno qualunque dei nostri modelli e confrontassimo tutte le diverse versioni e revisioni che abbiamo creato negli anni per quello stesso modello, noteresti che ogni attrezzatura è diversa dall'altra, pur parlando dello stesso modello.

Questo non accade di certo perché ci annoiamo a fare sempre le stesse cose... ma perché ogni volta, su ciascun modello, cerchiamo di aggiungere qualcosa di nuovo e migliore rispetto alla versione precedente, così da migliorare costantemente e continuamente i nostri prodotti. E no... non è una di quelle frasi belle e finte, per intortare clienti... poi, provaci tu a farlo con i miei clienti che hanno gli zebedei di acciaio e ti mangiano la mattina a colazione!!!

MIGLIORARE È NECESSARIO

Migliorare il prodotto è una necessità, una costante, realtà.

Ma come si migliora una vasca o un compattatore? Quando è necessario apportare una modifica? Quando invece quella modifica non serve o è addirittura nociva?

È qui che entrano in gioco quelle che io chiamo "le campane", cioè le opinioni che arrivano da fonti diverse.

In genere nel momento in cui riceviamo dei feedback, delle opinioni sulle attrezzature, otteniamo sempre due opinioni differenti da due categorie di persone.

1. I titolari delle aziende di servizio
I nostri clienti diretti, chi compra le attrezzature, chi spende i soldi, per intenderci, magari proprio tu che stai leggendo, in questo momento, sei proprio una di quelle persone!

2. Gli operatori
I dipendenti dei nostri clienti, quelli che le macchine le usano, quelli che ci passano la maggior parte del tempo e magari sul

cruscotto mettono anche una foto della famiglia, come fanno certi impiegati nei loro uffici.

Indovina un po'. Quale sarà l'opinione a cui è meglio dar seguito?

Non è difficile capire che l'opinione di chi vive quotidianamente su un mezzo e lo utilizza ogni giorno per diverse ore, è decisamente più importante di chi, (è vero che l'ha comprato!) ma non ha potuto accumulare tutta quell'esperienza sul campo.

Oh, non te la prendere però! Se facciamo questa distinzione è sempre nell'interesse di tutti.

E qui che spesso faccio anche un'altra riflessione, riguardo a quei clienti che non prestano orecchio ai suggerimenti e ai consigli dei loro stessi dipendenti sui mezzi da scegliere, o sugli optional che è meglio richiedere.

L'opinione dell'operatore esperto e sincero è fondamentale per scegliere al meglio le attrezzature più adatte alla realtà del luogo dove si va a svolgere il servizio di raccolta.

Ci sono delle esigenze tecniche e pratiche che possono sfuggire a chi non utilizza i mezzi quotidianamente.

Certo è anche vero che conosco diverse persone, titolari di piccole aziende, piccoli gioielli di imprese familiari che scelgono e comprano i mezzi e sono loro stessi ad utilizzarli!

In questo caso parliamo di realtà piccole, ma non così rare, che ben si distinguono dalle grandi aziende per budget, personale e numero di comuni serviti.

In ogni caso la morale della favola è che se si vuole migliorare un prodotto non basta una sola ed unica opinione, come non basta solo l'opinione dei nostri tecnici e degli ingegneri interni, che sì, conoscono meglio di chiunque altro l'attrezzatura, ma mancano dell'aspetto quotidiano e continuativo che gli operatori hanno guadagnato nel tempo, con la lor esperienza quotidiana.

Ecco perché è sempre necessario ascoltare più di una campana, se si ha davvero l'obiettivo di migliorare il proprio prodotto e facilitare il lavoro di chi quel prodotto lo usa ogni giorno!

Ma esattamente quali sono questi prodotti?
Come sono fatti? Quanti sono?
Nel prossimo capitolo scopriremo le risposte a tutto questo.

Entriamo finalmente dentro ai nostri...
CAMION DELLA MONNEZZA!!!

CAPITOLO 3

LE ATTREZZATURE

Come ben saprai ci sono molti tipi di macchine per la raccolta rifiuti. Ogni anno nascono nuovi modelli con novità più o meno interessanti e utili.

In questo marasma di attrezzature, tra vari modelli e tipologie, c'è una grandissima confusione.

A dire la verità, però, per chi non ha dimestichezza in questo settore, queste macchine potrebbero sembrare tutte uguali!!!

Credimi quanto ti dico che molti clienti in confidenza mi chiedono di spiegare loro le differenze tra i vari tipi di attrezzature.

In quei momenti capisco che in questo settore c'è una troppa confusione diffusa, che parte dagli ingegneri progettisti dei bandi di gara, passa per i responsabili degli uffici acquisti degli utilizzatori delle attrezzature, per arrivare agli operatori che utilizzano queste macchine, ogni giorno.

È chiaro, ci sono delle eccezioni, magari proprio tu sei fra queste, o magari ti stai impegnando nella lettura di questo libro, perché vuoi conoscere quante più cose possibile e migliorare!!!

In molti casi sento anche di non aver fatto del tutto bene il mio lavoro, perché se questa confusione dilaga così tanto tra tutti i protagonisti del settore, la colpa è anche mia, per non essere riuscito a dare tutte le informazioni giuste e comunicare in maniera chiara in questo che è uno dei settori più complessi che esistano!

L'ATTREZZATURA PERFETTA?

Chiaramente in tutto questo oceano, chi deve affrontare l'investimento di un veicolo per la raccolta rifiuti, vuole avere risposte chiare e definitive su quale sia la migliore attrezzatura in assoluto.

Perché parliamoci chiaro e senza peli sulla lingua: qui si tratta di spendere decine di migliaia di euro e nessuno vuole buttare i propri soldi con un acquisto sbagliato!

Nel dubbio molti si buttano sui marchi più famosi, credendo che il marchio più famoso, sia un acquisto sicuro per loro... ma ho imparato una cosa: mai dare nulla per scontato! Spesso dietro i marchi più famosi si nascondono dei problemi che diventano poi evidenti durante l'utilizzo. Ma questo aspetto lo vedremo più avanti.

Ed ecco che molto spesso mi vengono poste domande come:

"Giuseppe dimmi la verità... ma qual è la migliore attrezzatura di tutte?"

oppure

"Ma se tu dovessi comprare un'attrezzatura, quale prenderesti?"

In questi casi la mia risposta è sempre e solo una:

DIPENDE!

So che questa risposta potrebbe deluderti, ma purtroppo (o per fortuna) è l'unica possibile.

La verità è che non esiste un'attrezzatura migliore di tutte in assoluto, ma esiste l'attrezzatura migliore per quelle che sono le esigenze della città dove svolgere il servizio!

L'attrezzatura capace di un grado di compattazione di 6:1, ma con una lunghezza massima di 4 metri, ma che deve essere anche con mono-pala semplice e avere una paratia scorrevole e magari deve poter portare tutti i tipi di bidoni esistenti a questo mondo, ma anche passare per delle strade strette, quindi deve avere una carreggiata di massimo 2 metri e infine deve essere munita di un dispositivo super segreto per auto-raccogliere i sacchetti mentre passo davanti alle strade e avere un pulsante in cabina di guida per fare il caffè nero bollente travolgente!!!

Chiaramente sto esagerando, ma questo è per farti capire come un'attrezzatura unica e perfetta per ogni circostanza non esista.

Il discorso è diverso se magari mi chiedessi quale sia l'attrezzatura migliore per raccogliere carta e cartone. In quel caso la risposta sarebbe chiara e univoca. Oppure se mi chiedessi quali devono essere le caratteristiche principali di un buon autotelaio che dovrà reggere le nostre attrezzature.

Quindi adesso, cercherò di rispondere alle principali domande, dubbi e curiosità che ho raccolto negli ultimi tempi per fare chiarezza e fissare dei paletti in questo oceano di tecnicismi, ingegneria e monnezza!

Per potersi districare nella giungla di questo settore così complesso, fatto di termini volutamente complicati e grossi paroloni che in realtà non dicono nulla se non ne si conosce il vero significato, è necessario iniziare dalle basi e non dare per scontato nessuna informazione.

Quindi se hai già un livello di conoscenze molto molto elevato, in questo capitolo leggerai cose che sicuramente ti sono note, ma ti chiedo di avere pazienza, per permettere a chiunque di poter avere le idee chiare su tutti gli argomenti, senza dare per scontato nessun aspetto, come ho già detto.

Ti ricordo che questo libro non è un manuale tecnico per professori e ingegneri, ma è un manuale pratico e schietto, scritto per tutti quelli che voglio imparare qualcosina di questo settore!

LE 5 CATEGORIE

Ci sono diverse tipologie di attrezzature per la raccolta rifiuti, ma le categorie principali che sintetizzano tutto nel miglior modo sono 4+1.

1. Vasche;

2. Costipatori;

3. Compattatori;

4. Monoscocca;

5. Multi-attrezzature;

I più pignoli potrebbero obiettare che ci sono anche altre categorie oltre queste cinque, e questo è vero. Ma questi dovranno perdonarmi se il mio obiettivo è quello di fare chiarezza e non di complicare ancor più le cose o peggio, farle apparire più complicate, aggiungendo e parlando di categorie minori o davvero non così importanti nei nostri contesti lavorativi.

Nei prossimi capitoli entreremo più nei dettagli e, uno ad uno, scopriremo tutti gli aspetti, le differenze e i segreti di queste cinque tipologie di attrezzature per la raccolta rifiuti.

CAPITOLO 4

LE VASCHE

Come promesso entriamo nel vivo ed iniziamo con il tipo di attrezzatura base e più semplice di tutti, la vasca.

Se queste attrezzature vengono chiamate così il motivo è piuttosto intuitivo. La caratteristica principale di queste attrezzature è quella di avere un corpo, vuoto all'interno e chiuso in maniera tale che non vi possano essere perdite di percolato verso l'esterno. Sono delle vere e proprie vasche di raccolta e contenimento di rifiuti.

Pensa un po', come la tua vasca da bagno, ma fatta di metallo, un tantino più grande e capiente, piena di rifiuti e, si spera, senza di te dentro!!!

Questa di base è una vasca. Fine.

Ovviamente ci sono degli altri elementi senza i quali una vasca non potrebbe funzionare. Questi elementi sono per lo più comuni a tutti i tipi di attrezzature che esistono, quindi li rivedremo, con qualche piccola differenza e aggiunta nei prossimi capitoli.

Come per tutte le attrezzature si parte sempre da un autotelaio, un camion, per intenderci, e nel caso delle vasche, la scelta dell'autotelaio dove andremo a montare la nostra vasca può andare dal tipo di autotelaio più piccolo, fino ad autotelai di una certa grandezza, cioè con un P.T.T. (Peso totale a terra) di circa 7500 kg, (considerando soltanto i più comuni) ma analizzeremo meglio nei dettagli, la questione del P.T.T. nell'apposito capitolo più avanti.

Per introdurti meglio l'argomento di questo capitolo voglio raccontarti una storia.

LA CENA

Mi trovavo alla cena organizzata per la festa di compleanno di un mio amico. C'erano molte persone nella lunga tavolata, tutti professionisti provenienti da diversi settori. Tra i tanti invitati, quella sera c'erano anche due miei clienti, Adriano e Gianfranco.

I due, che già si conoscevano, non erano certo buoni amici... anzi! In passato si erano ritrovati a fronteggiarsi in un paio di gare d'appalto della loro regione e puoi facilmente immaginare che fra i due non scorresse certo buon sangue!

Sta di fatto che, complice il rapporto non idilliaco tra i due e (soprattutto) i fiumi di vino che scorrevano per la sala, i due iniziarono a discutere animatamente, polarizzando l'attenzione di tutti gli invitati alla festa.

Ovviamente il tema della discussione altro non poteva essere che il loro lavoro. Nello specifico stavano parlando dei vari tipi di attrezzature per la raccolta. Non essendo troppo distante da loro, riuscii ad ascoltare tutta la discussione.

Adriano che viveva e lavorava in una città di mare, insisteva dicendo che le vasche fossero attrezzature inutili e senza senso.

Gianfranco invece difendeva le sue vasche dicendo che per lui erano le migliori attrezzature possibili.

Andarono avanti per un bel po' finché Adriano incrociò il mio sguardo e mi chiese gridando esattamente queste parole:

"Giuseppe! Te che le costruisci, dicci la verità. Faglie capì che le vasche fan veramente schifo! E le son inutili, più inutili di lui!"

A sentire queste parole Gianfranco non si trattenne più, tentò di saltare contro Adriano, ma per fortuna fu fermato e i due furono tenuti separati per il resto della serata... e così anche io fui salvo!!!

Sì, mi salvai, perché non avrei saputo come rispondere senza offendere l'uno o l'altro! Mi trovavo davvero tra l'incudine e il martello. Due clienti più che alticci, che mi gettano nel mezzo di un loro litigio... non auguro a nessuno di trovarsi in questa situazione!

Ora so che ti starai chiedendo perché ti ho raccontato questa strana storia. Perché è perfetta per farti capire come le vasche vengano ritenute dalla maggior parte delle persone, delle attrezzature di poco conto.

Quindi chi aveva ragione dei due? Avrei fatto torto ad Adriano o a Gianfranco?

Le vasche hanno meno capacità di un compattatore, o di un monoscocca e non hanno nessun rapporto di compattazione, ma hanno più portata di un costipatore.

Quindi avrebbe ragione Adriano, quando dice che non sono poi così utili...

Però le vasche sono le uniche e sole attrezzature che in moltissimi casi, sono in grado di raggiungere zone e luoghi particolarmente impervi da raggiungere per macchine più grandi. Prova con un compattatore ad andare nel centro storico di uno qualunque dei bellissimi borghi che abbiamo in Italia: ti bloccheresti alla prima curva!

Quindi in tal caso avrebbe ragione Gianfranco!

Ovviamente anche in questo caso le vasche diventano le attrezzature migliori di tutte se e quando non puoi usare che quelle!

Non è un caso che in Italia siano il tipo di attrezzature più diffuso di tutti. La maggior parte delle città italiane è fatta di stradine strette dove un'attrezzatura più grande non avrebbe nessuno spazio di manovra e movimento. Le vasche invece sono sia agili che veloci, e se allestite su un autotelaio ad alimentazione GPL, metano o addirittura elettrica, sono anche ecologiche, silenziose e fanno una gran bella figura mentre lavorano in giro per luoghi turistici e con una certa visibilità!

Le vasche sono anche le attrezzature più semplici da utilizzare e quelle di fascia più economica, non soltanto in fase di acquisto, ma anche successivamente.

Questo è piuttosto banale e intuitivo, ma molto spesso è un aspetto molto sottovalutato da chi deve decidere cosa acquistare.

LE VASCHE... PERCHÉ SÌ?

Infatti la semplicità di utilizzo è legata anche ad una semplicità di manutenzione e di riparazione. Non sottovalutare mai questi aspetti!

Le vasche, come abbiamo visto, sono attrezzature essenziali, per questo anche la manutenzione ordinaria è ridotta al minimo e un'eventuale riparazione (nei limiti dei danni) è certamente più semplice e veloce. Ovviamente se un operatore va in retromarcia contro un palo della luce e distrugge il voltabidoni (l'ho visto fare con i miei occhi eh!), anche l'attrezzatura più semplice come una vasca, avrà dei costi di riparazione più alti!

COM'È FATTA UNA VASCA?

Entrando nei dettagli di questa categoria, vediamo quali sono le parti principali che compongono una vasca per raccolta RSU.

Le vasche sono formate da 3 gruppi principali:

1. Il controtelaio

2. La vasca di raccolta

3. Il voltabidoni

1. IL CONTROTELAIO

Partiamo quindi proprio dalla base della struttura di una vasca.

Il controtelaio, chiamato anche falso-telaio è l'elemento strutturale dove poggia tutta l'attrezzatura.

Questo nome deriva dal fatto che questa struttura segue esattamente le geometrie del telaio dove viene poggiato, ossia quelle del telaio del nostro veicolo, del camion.

Il controtelaio è un elemento imprescindibile per qualunque tipo di attrezzatura per la raccolta rifiuti e non solo, in quanto tutti gli altri organi che comporranno una vasca o un compattatore, non possono essere poggiati direttamente sul mezzo, ma hanno bisogno di una struttura intermedia, il controtelaio, appunto, dove potersi ancorare e saldare.

Per il resto, mi sembra scontato dire che il controtelaio deve essere costruito con importanti accorgimenti tecnici e utilizzando materiali di alta qualità. Un controtelaio rappresenta le fondamenta della nostra attrezzatura e come accade per le fondamenta di una casa, queste devono essere costruite in maniera solida e resistente, per assicurare un lungo futuro all'abitazione. Non si risparmia mai sui materiali!

2. LA VASCA DI RACCOLTA

Questo è l'elemento più grande e più importante di questo tipo di attrezzatura.

La vasca di raccolta è composta da diverse parti, tutte saldate tra loro alla perfezione, fino ad ottenere una totale tenuta stagna.

Il pianale, cioè il fondo della vasca dove il rifiuto batterà, strofinerà, verrà schiacciato, si frantumerà e così via... dove ci sarà di tutto il lavoro del rifiuto all'interno di questa attrezzatura. Questo deve essere formato da materiali ad alta resistenza all'abrasione e non si può lesinare sugli spessori della lamiera!

Le pareti laterali sono anche queste importanti. L'aspetto fondamentale di queste risiede nelle pieghe, che servono a mantenere rigida la forma della vasca e a resistere alla spinta del rifiuto verso l'esterno. Quindi le pieghe, purché siano studiate e calcolate a dovere, servono ad aumentare la solidità della struttura della vasca e ne caratterizzano anche l'estetica!

3. IL VOLTABIDONI

Ultimo elemento fondamentale è quello del voltabidoni.

In realtà nome più corretto sarebbe alza-volta bidoni o alza-volta contenitori, perché rappresenta proprio le varie fasi che il bidone o il contenitore compie attraverso quest'organo.

Ci sono tantissimi tipi diversi di voltabidoni, e tante sono le diverse parti che compongono un singolo voltabidoni, perché puoi immaginare come questo organo sia presente su tutte le tipologie di attrezzature, dalla più piccola e semplice, alla più grande e complessa.

Se per tante tipologie di attrezzature, ci sono tanti tipi di voltabidoni, è anche vero che, in realtà, tutti i voltabidoni hanno in comune lo stesso medesimo scopo: sollevare il bidone e svuotarlo. Quindi possiamo dividere tutti i diversi voltabidoni in due tipologie, in base al tipo di aggancio.

1. Aggancio a "pettine";
2. Aggancio con i "bracci".

1. Il pettine

Il nome di quest'organo è singolare, ma piuttosto esplicativo.

Se guardi la foto qui in alto, puoi constatare tu stesso, che la forma di quest'organo ricorda proprio quella di un pettine.

E come in ogni pettine ci sono dei denti, che sono quelli che svolgono la funzione di agganciare il contenitore di rifiuti fino a farlo bloccare, per poi sollevarsi fino a svuotarsi all'interno della vasca.

Il pettine non è adatto a sollevare tutti i tipi di contenitori, ma solamente i contenitori a norma EN840, in generale contenitori cosiddetti carrellati, con due o quattro ruote, con capacità che variano da un minimo di 60/80 litri, fino a 1100 litri.

Il pettine andrà proprio ad agganciarsi all'interno del bordo dei contenitori, sollevando il bidone e il suo contenuto fino poi a svuotarlo.

Riflettendo proprio su questo punto è quindi sconsigliabile agganciare e sollevare con il pettine bidoni troppo grandi o troppo pesanti, come quelli da 1100 litri, perché il peso eccessivo graverà tutto sul bordo del bidone, rischiando di romperlo.

Sia chiara una cosa: quando questo accade la colpa non è del pettine, e forse neanche del bidone poco resistente, ma più probabilmente, di un operatore che non avrebbe dovuto agganciare quel bidone così pesante al pettine, ma avrebbe dovuto utilizzare un altro tipo di aggancio.

Allora la domanda è quasi automatica: come li sollevo questi bidoni più grandi e pesanti?

La risposta è nei bracci!

2. I bracci

Nelle foto in basso, puoi vedere alcuni esempi di diversi tipi di bracci che esistono.

Anche in questo caso, nonostante ci siano delle normative, la confusione è tanta e ci sono tanti casi diversi, non soltanto a livello italiano, ma europeo!

Ma senza soffermarci troppo su tutti i tipi di bracci possiamo dire che il tipo principale e più comune è quello cosiddetto "DIN 1100", cioè con attacco normato per sollevare contenitori da 1100 litri di capacità.

I bracci agganciano l'attacco "maschio" del bidone che viene prima sollevato e poi bloccato da un pendolo che chiude il perno maschio del bidone nel momento in cui questo viene ruotato.

Se stai ancora storcendo il naso guarda il video che trovi al collegamento di sotto e tutto sarà più chiaro. Inquadra con la fotocamera del tuo cellulare il **CODICE QR** qui in basso e si aprirà automaticamente il video!

I bracci salgono, abbracciano il perno DIN del bidone, il bidone viene sollevato e inizia ruotare, il pendolo blocca e assicura il bidone, la rotazione continua e il bidone viene svuotato. Fine. Semplice (mica tanto!) ed efficace!

Adesso che sei finalmente giunto alla fine di questa prima importante categoria, spero tu abbia ben chiaro in mente cos'è una vasca. Adesso facciamo quindi un passo avanti e vediamo nel prossimo paragrafo una nuova tipologia di attrezzatura: i costipatori.

CAPITOLO 5

I COSTIPATORI

Nel capitolo precedente ti ho parlato delle vasche ribaltabili. Adesso invece scopriremo le caratteristiche e i segreti dei costipatori.

Pronto? Iniziamo subito!

Per capire cos'è un costipatore, il punto di partenza è avere ben chiaro com'è fatta una vasca!

Quindi nulla di più facile, ma se dovessi avere ancora qualche dubbio ti invito a ritornare al capitolo precedente.

Se hai ben in chiaro che cos'è una vasca, non sarà difficile capire la differenza con un costipatore. Ma seppur la differenza tra una vasta e costipatore sia piuttosto evidente... non tutti riescono con un veloce colpo d'occhio a distinguere queste due categorie di attrezzature.

Analizziamo il perché.

DIFFERENZE TRA VASCHE E COSTIPATORI

Anzitutto diciamo subito che le vasche e i costipatori possono essere montate sugli stessi tipi di telai.

Le due categorie hanno lo stesso tipo di volta-bidoni.

Ed infine hanno la stessa forma e le stesse dimensioni.

A livello estetico tutto sembra uguale, fatta eccezione per un solo particolare.

Nella foto in basso è evidenziato un elemento costruttivo che prende il nome di carter.

Il carter altro non è che una copertura. Un lamierato che copre alcuni organi che compiono dei movimenti.

I carter (ce ne sono due: uno a destra e uno a sinistra) hanno una funzione non soltanto estetica, ma soprattutto una funzione a livello di sicurezza, perché proteggono chiunque abbia a che fare con l'attrezzatura, da eventuali danni e rischi che gli organi in movimento possono causare.

Fuggi da quei costipatori che non hanno i carter se non vuoi evitare seri rischi e pericoli per i tuoi operatori, perché il caso più frequente su attrezzature sprovviste di queste protezioni è proprio il taglio delle dita delle mani.

Quindi i carter ti proteggono, dai rischi che gli organi in movimento possono creare.

Ora so cosa stai pensando.

"Giuseppe, ho capito che la vasca e il costipatore sono diversi, ho capito che i carter sono importanti, ma questi benedetti ORGANI IN MOVIMENTO che diamine sono?"

AL CUORE DI UN COSTIPATORE

Finalmente possiamo parlare del cuore vero e proprio di un costipatore, ciò che dà il nome al costipatore stesso.

Stiamo parlando del gruppo di compattazione: pala e carrello.

Questo gruppo di organi è formato ovviamente da diversi elementi, ma i principali sono due:

1. la pala di costipazione (o compattazione)

2. il carrello di scorrimento

Non stiamo parlando di una pala utilizzata per scavare, né di un carrello che usi al supermercato, ma di organi particolari e fondamentali per raggiungere lo scopo della compattazione.

IL CARRELLO

Il carrello è una sorta di copertura che si trova sulla sommità della vasca, che va ad ampliare una parte di tetto fisso già presente in cima alla vasca.

In poche parole, la vasca di un costipatore ha un tetto fisso nella parte anteriore (vicino alla cabina) che copre circa un terzo della lunghezza della vasca. Il carrello, invece con il suo movimento ricopre il resto della lunghezza.

Questo carrello però, come ho già ripetuto circa cento volte, si muove, cioè scorre orizzontalmente.

Nella fattispecie come vedi nella foto in alto, il carrello, a volte chiamato anche piastra di scorrimento, altro non è che un insieme di lamiere piegate e saldate, studiate e progettate per resistere alle sollecitazioni delle forze che agiranno sul carrello e di cui lui stesso è protagonista.

Il movimento che compie il carrello avviene lungo delle guide che permettono il movimento avanti e indietro, dove per "avanti e indietro" intendo che si allontanano e si avvicinano dalla cabina di guida, cioè dall'estremità più vicina alla cabina vanno verso quella più lontana, dove c'è il volta-bidoni, e viceversa.

Hai fatto caso che nel video in alto il costipatore ha il carter smontato?
Questo ovviamente è stato fatto soltanto per mostrarti meglio tutti i movimenti del carrello nel video! Poi il carter è stato montato! TRANQUILLO!

PASSIAMO ALLA PALA

La pala invece, è un insieme di lamiere, unite attraverso saldature, in maniera tale da dargli questa particolare forma.

Lo scopo della pala è quello di abbracciare il rifiuto e trascinarlo all'interno della vasca.

La pala di costipazione è formata nella parte inferiore, da una lamiera liscia e generalmente piana, che va a contatto diretto e aggressivo con il rifiuto, ragione per cui comprendi bene come la tipologia e la qualità degli acciai della pala non può essere casuale, ma è ben studiata per questa azione specifica.

Regola d'oro: sulla pala non si risparmia... diversamente da qualche tipo di attrezzature turche o cinesi che a volte si affacciano sul mercato, dove la pala è qualcosa di vergognoso, per il tipo di materiali usati. Ma alla fin fine... tutti i nodi vengono al pettine e dopo il giusto tempo di utilizzo succede l'irreparabile e la pala si spezza...

Per la parte superiore, quella che non è a contatto diretto con il rifiuto, questa è formata da alcuni settori che hanno lo scopo di conferire alla pala stessa, maggiore robustezza e solidità, per resistere a tutte le sollecitazioni che subisce.

Una buona la pala è fatta in questo modo.

La pala compie un movimento rotatorio, dall'alto verso il basso, cioè dall'esterno della vasca, verso l'interno. Queste due azioni o fasi, della pala prendono il nome di "apertura" e "chiusura".

Questo insieme di movimenti è ovviamente diverso da quello del carrello, però è legato e conseguente ad esso.

Infatti la pala è posizionata e ancorata all'estremità posteriore del carrello attraverso dei perni e delle boccole e compie i suoi movimenti in maniera consecutiva al carrello.

Abbiamo dunque un totale di quattro diversi movimenti.

Due per la pala e due per il carrello.

Questi quattro movimenti, chiamati anche fasi, formano insieme, il ciclo di compattazione o in questo caso, ciclo di costipazione.

Ci sono diversi tipi di cicli, e se vuoi vederli in azione ti rimando al mio canale Youtube. Troverai decine di video dedicati a tutti i tipi di modelli di attrezzature! Scansiona il codice in basso, come al solito e accedi ai video gratuiti!

Quindi tornando al ciclo di compattazione prendiamo in esame le quattro fasi.

Partendo dalla posizione di partenza o di riposo, cioè con carrello verso la parte anteriore dell'attrezzatura (verso la cabina) e la pala verso l'alto, riepiloghiamo le quattro fasi che creano un ciclo.

Fase 1: Il carrello scorre in avanti (si allontana dalla cabina);

Fase 2: La pala si chiude all'interno della vasca;

Fase 3: Il carrello arretra con la pala sempre chiusa;

Fase 4: La pala si riapre.

Ti suggerisco di rivedere il video precedente per meglio comprendere le quattro fasi!

Adesso ti pongo una domanda per vedere se hai capito davvero come funziona un costipatore!

Quale delle quattro fasi è quella che compie la vera e propria azione di compattazione del rifiuto?

Si direbbe la seconda fase, quella di chiusura pala, e questo è vero solo in parte, perché la vera e propria azione di lavoro sul rifiuto è svolta dalla pala, sì, ma attraverso il movimento del carrello che scorre indietro, verso la parte anteriore della vasca.

È la terza fase, quella di arretramento del carrello con la pala chiusa che compie la vera e propria compattazione! Il carrello tira la pala chiusa che compatta a sua volta il rifiuto.

La pala schiaccia il rifiuto, ma indirettamente tutto il lavoro viene svolto dal carrello che tira la pala. Sembra controintuitivo ma ti assicuro che è proprio così!

Adesso che conosci molte più cose sui costipatori, potrai facilmente individuare un costipatore nascosto tra cento vasche!

Quando ci sono pala e carrello abbiamo un costipatore. Quando invece nella zona del superiore non ci sono, vuol dire che abbiamo davanti una vasca semplice.

Dopo aver visto la vasca, l'attrezzatura più semplice di tutte e il costipatore, che rappresenta l'evoluzione di una vasca, arriviamo finalmente alle altre categorie più grandi e complesse. Arriviamo alla categoria delle attrezzature raccolta rifiuti per antonomasia: il compattatore!

CAPITOLO 6

I COMPATTATORI

Come per le altre categorie di attrezzature, iniziamo subito dal capire perché questo tipo di veicolo si chiama così.

Come succede per la categoria dei costipatori, anche il nome "compattatore" deriva dall'azione principale che quest'attrezzatura svolge, ossia quella di compattare i rifiuti.

Ma cosa intendiamo esattamente per "compattazione"?

Molto banalmente, compattare vuol dire comprimere, cioè ridurre il volume del rifiuto, attraverso un'azione che è quella dello schiacciamento.

Possiamo capire facilmente quindi che, tra tutti gli organi che compongono questa macchina, quello più significativo sia, appunto, il sistema di compattazione.

Il sistema di compattazione di un compattatore non è molto diverso da quello di un costipatore o di un monoscocca (che vedremo in seguito!), infatti troviamo anche qui, due organi che già conosci: il carrello e la pala.

Ovviamente ci sono delle differenze e non di poco conto. Nel caso dei compattatori, ad esempio, questi organi sono molto più grandi e resistenti, e sono posizionati con un'angolazione diversa da quelli presenti sul costipatore.

Sul costipatore, il carrello è parallelo al tetto della vasca, come abbiamo visto nel capitolo dedicato.

Nel caso del compattatore, il carrello scorre in diagonale, dall'alto verso il basso, seguendo la stessa angolazione della cuffia.

Diversamente dalla maggior parte dei compattatori in circolazione, nei nostri modelli di compattatore, il carrello ha un'inclinazione di circa 45°. Questo non è un dato casuale!

Abbiamo studiato e progettato questo tipo di inclinazione perché quando la pala e il carrello sono in fase di discesa, non vanno a premere sul rifiuto, ma lo abbracciano e senza romperlo e lo trascinano dentro al cassone.

Ma vuoi capire davvero qual è la più importante differenza con un costipatore?
Al di là ovviamente delle capacità e delle grandezze, per cosa si differenziano queste attrezzature?

Nel costipatore ci sono solamente la pala e il carrello che spingono contro la parete posteriore della vasca. Non ci sono altri organi in gioco.

Mentre nel compattatore la questione è ben diversa.

La vera compattazione in questo caso non è quella che avviene solo attraverso l'azione di pala e carrello sul rifiuto, ma è quella che avviene nell'unione di diversi organi: il gruppo di compattazione, il raschiatore e la paratia di espulsione. Introduciamo quindi due nuovi elementi: il cosiddetto "raschiatore" e la paratia di espulsione.

LA PARATIA D'ESPULSIONE

La funzione principale della paratia d'espulsione, chiamata anche piatto o pala di espulsione, è quella di espellere il rifiuto, gettarlo fuori dalla cassa nel momento dello scarico, quando la cassa del compattatore è completamente piena.

La paratia scorre all'interno della cassa, in genere su dei binari laterali, e viene movimentata da un imponente cilindro idraulico che permette a quest'organo di andare avanti e indietro, all'interno della cassa, per mezzo della spinta di questo cilindro.

Qui vedi la paratia posizionata dietro, verso il fondo dalla cassa.

Qui invece la paratia è quasi fuori dalla vasca.

Ti invito a guardare questo video davvero interessante di uno scarico di uno dei nostri compattatori a fine turno... sono certo che rimarrai impressionato dalla quantità di rifiuti che la paratia spingerà fuori dalla cassa!

IL RASCHIATORE

Se invece volessimo descrivere il raschiatore, banalmente quest'organo altro non è che una grande piastra saldata nella parte interna della cuffia che divide lo spazio tra la cassa e la cuffia.

Questo ha una duplice funzione:

1. Protegge il carrello dalla pressione che avviene dalla parte interna della cassa quando questo non è in funzione;

2. Si pone come ostacolo, come fosse un muro contro il quale una volta portato all'interno della cassa, il rifiuto va a comprimersi grazie alla contro-spinta della paratia.

In altre parole una volta che il rifiuto è all'interno della cassa, la paratia spinge il rifiuto contro il raschiatore in alto, e contro la pala e il carrello in basso.

Ecco perché non è soltanto il gruppo pala-carrello che svolge la funzione di compattare, ma anche altri organi come il raschiatore e la paratia.

RICONOSCERE UN COMPATTATORE

Tornando al nostro compattatore, una volta che abbiamo chiaro come si comporta il sistema di compattazione, possiamo passare alla differenza principale e più importante rispetto alle altre attrezzature e in particolare rispetto alle attrezzature della categoria dei monoscocca.

Rispondiamo a questa domanda.

Come facciamo a riconoscere un compattatore e distinguerlo dalle altre attrezzature con un solo sguardo?

Vediamo le foto qui in basso.

Che cosa noti nella struttura di queste attrezzature?

Pensa alle vasche e ai costipatori come vedi sono formati da un unico e solo corpo. La loro struttura quindi, non è divisa in più parti.

La vasca è formata da unico pezzo, solo la vasca appunto.

Il costipatore, essendo una vasca con l'aggiunta di pala e carrello è ugualmente formata da una sola parte.

Nel compattatore a carico posteriore, invece, questa divisione c'è eccome! Nel compattatore a carico posteriore è facile individuare due grandi parti divise.

Introduciamo quindi due elementi essenziali in un compattatore, ai quali abbiamo solo accennato finora: cassa e cuffia.

LA CASSA

La cassa o cassone, è il corpo principale, più grande, che forma un compattatore.

La funzione di una cassa è piuttosto semplice: contenere e conservare i rifiuti sino a che questi non verranno scaricati a fine turno.

Di base, una cassa è formata ovviamente dal fondo, dalle pareti laterali e da un tetto. Oltre a diversi altri elementi strutturali necessari, ci sono anche altri componenti che possono essere presenti (ma non sempre) su una cassa, tra cui:

A - i binari di scorrimento della paratia;

B - la vaschetta di raccolta liquami;

C - la sponda posteriore di ritenzione dei liquami;

Entriamo nella nostra cassa allora!!!

A - i binari di scorrimento della paratia;

I binari di scorrimento della paratia, ovviamente non sono un organo facoltativo o optional. Devono essere necessariamente presenti all'interno di ogni cassa, in quanto ogni compattatore posteriore ha una propria paratia di espulsione che deve scorrere avanti e indietro.

Quindi molto banalmente questi binari hanno la funzione di permettere alla paratia di muoversi, scivolando, scorrendo per tutta la lunghezza del cassone. Così facendo i rifiuti potranno essere espulsi, ovvero il compattatore, a fine turno, potrà svuotarsi per poi essere pronto a ricominciare il lavoro.

Ovviamente i movimenti della paratia (avanti e indietro lungo il cassone) avvengono grazie ad un cilindro idraulico che è posizionato posteriormente alla paratia.

B - la vaschetta di raccolta liquami;

La vaschetta di raccolta liquami ha lo scopo di raccogliere e trattenere al proprio interno i liquami che fuoriescono durante la compattazione dei rifiuti.

Saprai che molti tipi di rifiuti sono composti anche da acqua. Quest'acqua viene fuori quando questi vengono compattati, cioè compressi, schiacciati.

Tutti i liquidi che ne risultano (che prendono il nome di liquame) vengono raccolti in questa particolare vaschetta che si trova in genere sul fondo del cassone, verso la cabina.

La vaschetta è poi collegata ad un tubo che termina con una valvola, un rubinetto, che permette di scaricare i liquami dove è consentito farlo.

La vaschetta però non è un elemento costante in ogni compattatore. Ci sono infatti alcuni tipi di compattatori dove la vaschetta non è presente e in molti casi, è un optional!

Questo dipende sia dal costruttore che dal tipo di fondo (il pavimento) della cassa del compattatore.

La vaschetta infatti generalmente è presente solo in compattatori dove il fondo è piano, e non curvo (o calandrato).

In questi casi infatti, la vaschetta diventa superflua, poiché il liquame, grazie al fondo curvo, scivola facilmente verso la parte posteriore del cassone finendo all'interno della **portella posteriore** (te ne parlerò tra poco!).

C - la sponda posteriore di ritenzione dei liquami;

Un altro elemento quasi sempre presente all'interno di un cassone è questa sponda posizionata nella parte più anteriore del cassone, praticamente dietro alla cabina.

Questa parete, una lamiera semplice in sostanza, ha il compito di porsi come ulteriore barriera per quei liquami e i rifiuti che dovessero essere presenti all'interno del cassone e che la vaschetta o la paratia non siano riusciti a trattenere.

La sponda inoltre aiuta ad evitare che durante i movimenti del camion, i liquami non schizzino via e inzuppino qualcuno... per il quale di certo non sarebbe una bella esperienza e ti porterebbe non poche grane!

Quindi, anche se spesso è un elemento molto sottovalutato, a cui pochi fanno caso, questa rappresenta un aspetto molto importante all'interno di un buon compattatore.

In ogni nostro modello di compattatore questo elemento è sempre incluso, perché vogliamo evitare bagni di liquame!!!

I MATERIALI DI UNA CASSA

Un altro aspetto da non sottovalutare quando si parla di una cassa è sicuramente quello dei materiali costruttivi.

Questi fanno davvero la differenza tra una buona cassa che resiste nel tempo ed un'altra che dopo pochi anni ha bisogno di continui interventi di riparazione.

Come sempre quando parliamo dei vari tipi di acciai, si rischia di entrare troppo nei dettagli tecnici, perciò voglio semplicemente indicarti pochi, ma essenziali, aspetti fondamentali che riguardano quest'argomento.

I materiali che formano la struttura di una cassa non possono essere tutti uguali.

Infatti le varie qualità di acciai hanno caratteristiche e peculiarità differenti, che se conosciamo in maniera approfondita, possiamo sfruttare a nostro vantaggio.

Ad esempio, sia il tetto di una cassa, che le pareti (anche se con le dovute proporzioni), se paragonate al fondo, hanno una funzione meno importante all'interno del cassone.

Per questo sarebbe davvero un enorme spreco di risorse, in termini di costi e di peso, utilizzare lo stesso tipo di acciaio, la stessa qualità di materiale e anche gli stessi spessori, per questi elementi così diversi.

Una delle difficoltà principali durante la progettazione di una macchina per la raccolta rifiuti è proprio quella di riuscire ad armonizzare quel sottilissimo equilibrio tra la resistenza nel tempo della struttura e l'economia dei pesi.

Cosa significa?

Che per rendere la struttura davvero enormemente resistente potremmo usare spessori molto elevati, sovradimensionati. Ad esempio, 10mm o addirittura 15 o 20mm! Ma questo ti garantisco che non sarebbe una scelta corretta! Ma perché?

Perché aumentare gli spessori significa aumentare anche il peso della struttura, quindi diminuire la portata utile legale.

Però, non possiamo ignorare il fatto che questo tipo di attrezzature devono essere progettate e create per durare nel tempo e resistere a delle sollecitazioni, a dei turni di lavoro massacranti e non di meno, ad operatori che spesso se ne fregano di trattare con cura un bene che la loro azienda ha comprato spendendo non pochi soldi!!!

Quindi sì, il peso è un elemento fondamentale, ma non dobbiamo dimenticare la cosa più importante in assoluto: la resistenza delle parti strutturali.

In questo ci vengono in aiuto le varie qualità degli acciai, con le loro diverse caratteristiche intrinseche.

Per le pareti infatti, non avrebbe senso utilizzare un acciaio ad alta resistenza all'usura, in quanto la spinta maggiore e quindi la maggior parte del lavoro, dello sforzo non è sulle pareti laterali, ma sul fondo del cassone. Per le pareti laterali è bene optare per accorgimenti tecnici diversi, che aiutino ad aumentare la resistenza elastica di questi componenti, cioè la capacità di sopportare la spinta costante e sempre maggiore dall'interno verso l'esterno, man mano che il rifiuto aumenta all'interno della cassa.

Stesso discorso per il tetto.

Il tetto può essere formato da elementi più sottili e fatti con acciai aventi una composizione chimica più semplice, mentre invece, sugli elementi strutturali del tetto non si dovrà mai fare economia, né di materiali, né di spessori.

Un discorso diverso invece va fatto per il fondo del cassone.

Questo è l'elemento dove c'è più lavoro in assoluto. Sul fondo, il rifiuto "si muove", agendo in pratica, con una grande forza abrasiva che tende a consumarne il materiale, con il passare degli anni, riducendone lo spessore.

Puoi paragonare questo tipo di forze che agiscono sul fondo della cassa, a quello che avviene su uno scoglio in prossimità di una spiaggia o di un fiume. Con il tempo, il lento ma inesorabile movimento dell'acqua consumerà un po' alla volta la superficie dello scoglio, della roccia, rendendola sempre più sottile.

Se abbiamo utilizzato materiali più semplici per altri componenti, qui non possiamo scherzare per nulla!

Dobbiamo utilizzare materiali molto resistenti a questo tipo di forze. Tra questi, i materiali migliori sono quelli ad alto contenuto di manganese, quindi lamiere molto famose - e costose - ma che fanno davvero bene il proprio lavoro! Lamiere ad alta resistenza all'abrasione e all'usura.

(Credo tu conosca il nome della marca del materiale di cui sto parlando, senza che la nomini, quindi non farmi fare pubblicità!)

Questa scelta assicurerà al nostro cassone una lunga vita fino al pensionamento di tutta la macchina.

LA PORTELLA POSTERIORE

Quello della portella posteriore è uno degli elementi chiave di un compattatore. Molti a sentir parlare di portella posteriore in realtà saranno un po' confusi, perché questo elemento viene chiamato generalmente in un altro modo: cuffia o portellone.

La cuffia (evidenziata nella foto in alto) è la controparte della cassa ed è connessa ad essa per mezzo di elementi che la chiudono e l'assicurano in maniera solida e perfetta. In un compattatore a regola d'arte una non può fare a meno dell'altra.

TOTALE TENUTA STAGNA?!

Tra i due elementi della cassa e della cuffia, per evitare che non vi siano perdite di liquame, viene posta una guarnizione ad alta tenuta che, in via teorica, dovrebbe garantire la tenuta stagna dell'attrezzatura.

Attenzione, io ti garantisco che non la guarnizione che installo sui miei compattatori non farà cadere neanche una goccia di liquido a terra... ma, ti dico che questo non accadrà in via teorica, per ben altro motivo.

Infatti la tenuta stagna di questa guarnizione non è mai totale e difficilmente può esserlo!

Perché?

Non perché la qualità della gomma della guarnizione non sia elevata, o perché si rompa, ma perché può succedere che qualche tipo di rifiuto, resti bloccato, incastrato tra la cassa e la cuffia quando questa viene chiusa dopo aver scaricato i rifiuti a fine turno. Il rifiuto quindi, poggiando sulla guarnizione, non le permetterà di aderire perfettamente alla superficie, lasciando in po' di spazio dove passerà il nostro bel liquame maleodorante!

Ci sono due possibili soluzioni a questo problema:

- Una soluzione semplice al problema è pulire e lavare con cura il bordo della cassa e della cuffia dov'è presente la guarnizione.

- Una soluzione definitiva, invece è quella di cambiare completamente tipo di attrezzatura ed optare per un **monoscocca** (ne parleremo più avanti) a patto che le tue esigenze di raccolta te lo permettano.

GLI ELEMENTI DELLA CUFFIA

Tornando alla cuffia del nostro compattatore, questa è composta da tre macro elementi principali:

1. **Le pareti laterali**

2. **Il raschiatore**

3. **La tramoggia**

1. LE PARETI LATERALI

Anche nella cuffia ci sono delle pareti laterali.

Queste pareti laterali sono però diverse da quelle della cassa, perché svolgono una funzione differente e molto particolare.

Infatti è lungo queste pareti che scorre il carrello del gruppo di compattazione.

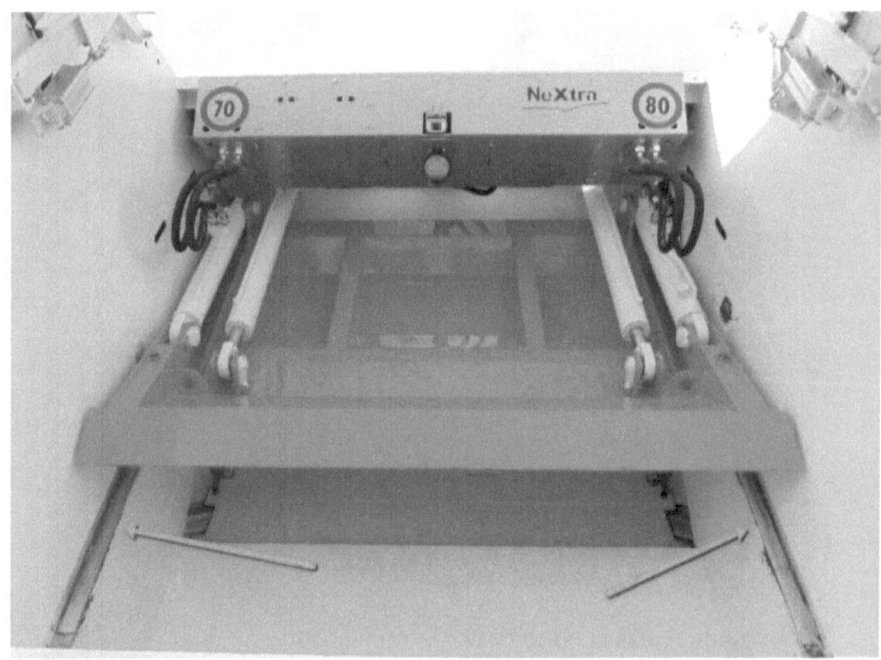

Nella foto puoi vedere che ci sono degli elementi che costituiscono dei binari dove poggeranno i pattini del carrello.

Dato che tutta la spinta e lo sforzo che subirà il carrello verrà scaricato su questi organi, i materiali che compongono le pareti laterali sono anch'essi di grande qualità e ad alta resistenza contro le abrasioni.

Questo avviene almeno nella parte più bassa delle pareti laterali della cuffia, quelle parti che sono sempre a contatto con il rifiuto. Sarebbe infatti inutile utilizzare gli stessi acciai pregiati anche in zone più alte, dove il rifiuto non arriva e dove non c'è necessità di questo tipo di acciai così resistenti.

La regola che per noi è un mantra, è che tutto ciò che entra a contatto con il rifiuto deve essere di materiale ad altissima resistenza.

2. IL RASCHIATORE

Avendo già parlato in precedenza di questo elemento non mi soffermerò troppo su questo punto.

Voglio solo aggiungere, a quanto già detto che il nome raschiatore non è affatto casuale, ma nasce proprio da una delle funzioni principali di questo organo: quella di raschiare via il rifiuto dalla parte interna del carrello ed evitare, quindi, che dei rifiuti vadano a finire proprio dietro al carrello.

Nella foto alla pagina successiva vedi uno dei nostri raschiatori.

Come vedi nella foto in alto il raschiatore è composto da questa lamiera più grande, unita anche a questa striscia più piccola che svolge proprio quella funzione.

Quest'ultima nel tempo tende a consumarsi nel tempo. Proprio per questo è divisa dal resto del raschiatore, in modo tale da essere più facilmente sostituibile, nel momento in cui si usura.

3. LA TRAMOGGIA

La tramoggia è la parte dove il rifiuto cade quando viene gettato all'interno della cuffia.

Spesso prende il nome anche di culla di carico, proprio perché il suo compito è quello di accogliere i rifiuti quando vengono conferiti, manualmente o attraverso l'uso del volta-bidoni.

Anche per i materiali della tramoggia vale lo stesso discorso che abbiamo fatto per la cassa e le pareti laterali.

La regola alla fine è sempre quella: tutto ciò che viene a contatto con il rifiuto ed è soggetto ad una forza importante, deve essere fatto con acciai di altissima qualità.

Quindi anche in questo caso useremo una qualità di acciaio ad ancora più alta resistenza all'abrasione e con spessori maggiori.

Nel tempo abbiamo realizzato diversi tipi di tramogge, con spessori che arrivano addirittura fino a 12mm!

Anche se questa è magari una scelta un po' esagerata, perché caricare molto il peso in questa zona può essere dannoso, fa capire quanto sia importante questo aspetto nella creazione di un compattatore che debba durare a lungo nel tempo!

Chiaramente poi, come hai già avuto modo di imparare, aumentare gli spessori comporta un aumento anche dei pesi e quindi una perdita in portata utile e ovviamente, lasciamelo dire, anche dei costi dei materiali e quindi vendita.

Ma personalmente penso che pagare qualcosa in più **PRIMA**, per migliorare la qualità del prodotto che vado ad acquistare, sia decisamente meglio che pagare meno prima, ma molto di più **DOPO**, quando per risparmiare sulla qualità dovrò pagare sui costi di gestione, manutenzione e riparazione!

Oltre a questi importantissimi elementi che formano un compattatore ce ne sono anche altri, per nulla secondari, che ne sono parte integrante... ad esempio, il sistema di carico.

IL SISTEMA DI CARICO

Il sistema di carico o di sollevamento, altro non è che il dispositivo volta-cassonetti.

Questo non è molto diverso da quello che abbiamo già visto per le vasche e le altre attrezzature.

Quello che è necessario aggiungere è che ovviamente, avendo molto più spazio disponibile, rispetto ad una piccola vasca, sui compattatori avremo la possibilità di installare, oltre alla rastrelliera con il pettine, anche dei bracci per il sollevamento di cassonetti di diverse tipologie.

Chiaramente ogni casa costruttrice adotta scelte e soluzioni diverse per questo tipo di sistema, ognuna con particolari accorgimenti differenti.

Non esiste un sistema perfetto, ma esistono sistemi che si adattano meglio al tipo di territorio e di servizio che gli operatori svolgeranno con quell'attrezzatura.

Nel nostro caso, noi abbiamo due diverse soluzioni.

1. Il sistema a sollevamento verticale

2. Il sistema a rotazione

Le differenze tra questi due sistemi a livello ingegneristico sono molteplici e notevoli, ma più che entrare nel merito di questi particolari voglio svelarti le due differenze principali di questi sistemi.

1. Il sistema a sollevamento verticale

Il sistema verticale, come si può intuire dal nome, è caratterizzato dal movimento verticale che compie il pettine o i bracci, per agganciare il bidone.

Una volta agganciato, questo viene sollevato sempre verticalmente ed in ultima fase compirà la rotazione verso la tramoggia.

Solo quando il bordo del bidone si trova all'interno della bocca inizia a ruotare e svuotarsi. In questo caso quindi, lo sversamento del rifiuto avviene sempre verso l'interno, evitando la caduta di rifiuti verso l'esterno.

Questo tipo di sistema di carico è presente sulla maggior parte dei nostri modelli di costipatori e vasche di media fascia.

Se vuoi vederlo in azione, come hai già imparato a fare, scansione il QR code qui in basso!

2. Il sistema a rotazione

L'altro sistema di sollevamento è quello detto "a rotazione".

Questo sistema se presente su vasche e costipatori non sempre è efficace al 100%! Voglio dire che, su mezzi come vasche e costipatori potrebbe portare, in alcuni casi, alla caduta del rifiuto all'esterno della vasca, soprattutto quando i bidoni sono stracolmi! Ecco perché i nostri modelli di vasche e costipatori standard NON adottano questo sistema!

Invece, sui nostri compattatori la storia è diversa, perché il movimento dei diversi cinematismi e gli spazi per movimentare i contenitori permettono anche a questo tipo di volta-contenitori di scaricare tutti i rifiuti perfettamente all'interno della bocca di carico.

Anche per questo tipo di volta-bidoni, puoi vederlo in azione scansionando il codice nella prossima pagina!

CAPITOLO 7

LA COMPATTAZIONE

Ora voglio parlarti della compattazione per cui, immaginiamo di andare insieme all'interno di un compattatore pieno zeppo di bellissimi e splendenti rifiuti.

Magari, cerchiamo di non pensare all'odore tremendo che ci sarebbe, ma cerchiamo di vedere, come già detto in precedenza, come viene "compresso" il rifiuto, come viene compattato dall'azione degli organi del nostro compattatore.

Se da un lato ci sono la pala e il carrello che spingono il rifiuto all'interno del cassone, come un cucchiaio, dal lato opposto c'è la paratia di espulsione.

Come abbiamo detto in precedenza, la paratia si muove in orizzontale, scorre cioè avanti e indietro, per tutta la lunghezza del cassone, come fosse un muro semi-mobile.

Questo movimento di spinta della paratia, compie un tipo di lavoro che prende il nome di contro-spinta.

Si chiama contro-spinta proprio perché la paratia agisce sul rifiuto con una spinta opposta a quella del gruppo pala e carrello.

La paratia "spinge" o meglio pone una forte resistenza da un lato, mentre la pala e il carrello spingono dall'altro. Sono dunque in gioco due tipi di pressioni, in direzioni opposte, la pressione del gruppo di compattazione e la contro-pressione della paratia.

La povera vittima indifesa che subisce l'azione di tutte queste forze opposte che agiscono all'interno dell'attrezzatura, altri non è che il nostro amato rifiuto, che altro non può fare che ridursi di volume, quindi in altre parole compattarsi.

Ed ecco che finalmente introduciamo un nuovo concetto, quello del "rapporto di compattazione".

IL RAPPORTO DI COMPATTAZIONE

Il "rapporto di compattazione" altro non è che la capacità di compattazione di una data attrezzatura.

Se da un lato c'è un modo per calcolare questo dato, dall'altro nella realtà dei fatti, il rapporto di compattazione è praticamente un dato quasi fisso, quasi standardizzato che cambia al cambiare della categoria di attrezzatura.

Quindi per ogni categoria di attrezzatura che abbiamo visto finora, avremo un diverso rapporto di compattazione.

3:1 per i costipatori.

4:1 per i monoscocca (li vedremo in un capitolo dedicato)

5:1 per i compattatori su autotelai a 2 assi

6:1 per i compattatori su autotelai a 3 assi

Possiamo intuire da questa descrizione come il rapporto di compattazione aumenti all'aumentare della grandezza dell'attrezzatura, anche se non è una regola fissa, in quanto ci sono delle eccezioni e non di meno, ci sono diverse variabili che entrano in gioco nel calcolo del grado di compattazione.

Ma facendo una semplificazione, possiamo dire che più grande è un'attrezzatura e più performanti sarà il suo sistema di compattazione.

La pala e il carrello di un costipatore non sono certo grandi quanto la pala e il carrello di un compattatore! Tutto è proporzionato in base al tipo di attrezzatura e quindi in base alla quantità di rifiuto che può essere introdotta al suo interno.

La pala di un costipatore viene dunque creata utilizzando materiali sì di alta qualità, ma con spessori sicuramente diversi, cioè inferiori, rispetto ad una pala di un'attrezzatura più grande. Questo perché la pala del nostro compattatore lavorerà con quantità di rifiuti di molto superiori rispetto al costipatore, ma non solo!

Anche perché proprio in virtù delle quantità maggiori di rifiuto, per poter ottenere un rapporto di compattazione maggiore, dovrà lavorare con maggiori pressioni idrauliche di esercizio. Maggiore pressione significa maggiore forza impressa dagli organi stessi e dunque per evitare che questi organi cedano e si rompano sotto in peso di tutte le forze in gioco, ecco che i materiali e gli spessori devono essere studiati e dimensionati in maniera corretta, proporzionalmente alle pressioni stesse.

Certo può capitare che una pala possa rompersi, anche se è un evento piuttosto raro... ma questo accade, nel 98% dei casi a causa di un errato conferimento di rifiuti, all'interno dell'attrezzatura.

LA ROTTURE DI PALE

Una volta un cliente mi ha chiamato perché aveva rotto la pala di un compattatore che gli avevo consegnato diversi anni prima. La cosa mi stupì non poco, ma essendo l'attrezzatura stessa ormai vecchia di qualche annetto e conoscendo le abitudini di raccolta di quel cliente (le attrezzature lavorano su 3 turni da 6 ore, quindi a conti fatti è come se ogni anno valesse per 3!!!), dopo aver ordinato il ricambio, gli fu sostituito.

Fin qui la storia non ha nulla di interessante... ma ecco che esattamente dopo una settimana mi richiama per lo stesso identico problema: la pala nuova, montata soltanto una settimana prima... nuovamente ROTTA!
Qualcosa non andava. Doveva esserci un problema serio!

Così decidemmo di andare presso il cliente, dove la macchina lavorava, per capire e vedere con i nostri occhi perché nel giro di una sola settimana avesse rotto una pala nuova.

Il cliente era piuttosto arrabbiato con noi, perché credeva che la nuova pala fosse stata costruita male. Ci disse persino che avrebbe preteso la nota credito della fattura della pala consegnata appena la settimana prima e che ne esigeva subito un'altra gratis. Insomma la situazione era piuttosto delicata per noi.

Ma... alla fine quando arrivammo presso il nostro compattatore con lui, potemmo constatare che il problema fosse ben altro.

Ancora fermi all'interno della tramoggia del compattatore c'erano bustoni neri pieni di pezzi di cemento armato, con dentro dei tondini di ferro e altri grandi blocchi simili al marmo e altri scarti edili.

La reazione del mio cliente fu repentina. Tutta quella furia che aveva indirizzato a noi cambiò immediatamente obiettivo e la indirizzò contro l'operatore che aveva lavorato per ultimo con quel mezzo e che per ben due volte aveva raccolto (vogliamo pensare senza accorgersene, forse) tutti quei materiali che non avrebbe dovuto in alcun modo raccogliere con un compattatore e che avevano rovinato il mezzo, costandogli non pochi soldi in riparazioni.

Questo non è altro che uno degli esempi di conferimenti errati che rovinano l'attrezzatura in maniera profonda. Capisco come spesso non si possa avere il controllo completo di tutto ciò che viene conferito nel compattatore, ma è opportuno comunque fare sempre attenzione a questo aspetto, perché sarebbe davvero un peccato rovinare un buon compattatore per un errato conferimento!

CAPITOLO 8

NON FARTI PRENDERE PER IL CUBO

Finora abbiamo visto diversi tipi di attrezzature e siamo entrati nei dettagli delle diverse parti che formano un compattatore. Adesso voglio soffermarmi su un aspetto particolare della cassa di un compattatore.

Come ben sai, l'obiettivo e il fine ultimo di una cassa è quello di conservare e accumulare i rifiuti durante il turno di lavoro, prima di andare a scaricarli dove necessario. Quindi, il discorso è molto semplice:

Più grande è la cassa, più rifiuto sarà capace di accumulare e trasportare.

Di conseguenza la quantità di rifiuto che verrà trasportato poi in discarica o al centro di raccolta, sarà ovviamente proporzionale rispetto alla capacità della cassa.

La grandezza di una cassa si misura proprio in base al volume, quindi l'unità di misura sono i metri cubi (m^3).

Come per ogni altro tipo di categoria di attrezzature, anche in questo caso, la grandezza di una cassa dipende e varia in base al tipo di telaio che si ha a disposizione per l'allestimento dell'attrezzatura e viceversa.

Non puoi installare una cassa da 12 metri cubi su un telaio troppo grande, come non si può installare una cassa da 20 metri cubi su un telaio troppo corto, o con una massa totale a terra non sufficiente. I fattori da considerare sono davvero numerosi!

Questa può sembrare una banalità, ma ti assicuro che troppo spesso mi vengono fatte richieste strane.

La conservazione tipo è questa:

Cliente: "*Giuseppe vogliamo un compattatore da 22 metri cubi*"

Io: "*Ok, perfetto. Avete già scelto un telaio sul quale allestirlo?*"

Cliente: "*Sì, un telaio da 16 tonnellate di massa totale*"

Io: "*Eh... guarda che su quel telaio non si può installare un'attrezzatura così grande!*"

Cliente: "*Ma noi abbiamo bisogno proprio di un compattatore da 22 metri!*"

Io: *"Ok, allora c'è bisogno di avere un telaio più grande, con peso totale a terra maggiore e con un passo maggiore!"*

Cliente: *"Ma non possiamo cambiare telaio! Non possiamo proprio farlo su quel telaio?"*

Io: *"Su quel telaio potrebbe andare un compattatore da 16 metri cubi, non di più"*

Cliente: *"Ma noi abbiamo bisogno di un compattatore più grande!"*

E nulla, poi la discussione continua così ancora per un po' finché non capiscono davvero che per noi sarebbe anche meglio allestire un compattatore più grande, perché ovviamente, non c'è bisogno di nasconderlo, c'è più guadagno, ma proprio anche a volerlo pagare a peso d'oro, non è fattibile a livello tecnico. Nada.

I più ostinati (per non usare altri termini!!!) addirittura chiedono un disegno tecnico della cassa per poter misurare da soli le dimensioni della cassa... in questi casi sembra quasi che io non voglia accontentare il cliente. Ma ovviamente non avrei alcun motivo per fare una cosa del genere.

Ci sono dei limiti tecnici che non possono essere superati, perché purtroppo sottostiamo alle leggi della fisica di questo sistema solare!!!

Non se ne esce, non c'è via di scampo!

MISURARE IL VOLUME!

Ma come si misura il volume del cassone? Come capiamo di quanti metri cubi è quella cassa?

Ho due diverse risposte per queste domande, una bella e una brutta.

Quella brutta è che in realtà... non sempre si può!

Perché in molti casi, i fattori e le variabili da considerare per calcolare il volume di una cassa sono così tante, che è difficile ottenere un dato preciso. In quei casi quindi devi leggere e avere fiducia di quello che dicono le carte, i documenti del costruttore.

La seconda risposta, quella bella, invece dice l'opposto, vale a dire che c'è un modo per poter misurare questo volume!

Cosa? No, non sono diventato improvvisamente scemo, attenzione!

Perché effettivamente tutto ciò che è finito e tangibile, è misurabile... ma ahimè non è proprio una passeggia farlo... anzi è piuttosto difficile.

Come ci suggerisce la normativa **UNI EN 1501** per farlo occorre scomporre la complessa volumetria della nostra cassa, in figure geometriche più semplici da calcolare e misurare.

Quindi in via teorica dovremmo prendere le dimensioni della cassa e scomporre, dividere tutte queste misure in figure geometriche come triangoli e rettangoli la cui area sia più facile da misurare.

Facci caso però che ho detto "in via teorica" ... perché la realtà dei fatti è che questi calcoli sono talmente complessi che cercare di ottenere un grado di precisione elevato è quasi impossibile.

Ci sono numerosissimi fattori che entrano in gioco nel determinare queste dimensioni e dunque la mera scomposizione in geometrie semplici non basta., anche perché bisognerebbe considerare che il volume della paratia in base alla sua forma più o meno semplice va sottratto a quello complessivo della cassa, la cassa può avere pareti, fondo o tetto curvi, tondi, quindi questo rende le cose ancora più complesse.

Dunque dov'è la soluzione?
La soluzione la ritroviamo in quanto detto all'inizio: bisogna fidarsi

di quanto ci comunica e dichiara il costruttore del mezzo al momento della consegna del veicolo.

Nessuno conosce i mezzi che progettiamo e costruiamo, meglio di noi e (soprattutto) meglio del nostro ufficio tecnico!

CAPITOLO 9

IL MONOSCOCCA

Arriviamo adesso ad un'altra categoria di attrezzature per la raccolta rifiuti.

Il nome tecnicamente più completo che designa questa categoria sarebbe "compattatore monoscocca a caricamento posteriore", ma visto che non è mai bello complicarsi la vita, utilizziamo come di consueto la parola che determina la caratteristica principale di quella categoria.

Quindi: MONOSCOCCA.

Mono-che? Cosa significa monoscocca?

Molto semplicemente il monoscocca è un tipo di compattatore in cui la cassa, il corpo principale, è formato da un unico e solo fondo, completamente saldato.

Andiamo a capire meglio cosa intendiamo dire con unico e solo fondo, completamente saldato.

Per capire bene che cos'è esattamente il monoscocca è necessario confrontarlo ad un compattatore normale, standard.

Se osserviamo un normale compattatore, come abbiamo potuto apprendere nel capitolo dedicato, questo tipo di attrezzature è formato da due macro-componenti più grandi: la cassa e la cuffia.

Nel monoscocca, invece, tra la cassa e la cuffia non vi è una netta differenza. C'è soltanto un pezzo unico.

Guardando queste foto puoi notare esattamente di cosa sto parlando.

Per il resto, il monoscocca è un normale compattatore a tutti gli effetti.

Quindi, fatta eccezione per la cuffia, tutti gli elementi che abbiamo visto e spiegato per i compattatori, sono validi anche per i monoscocca.

Troviamo la paratia di espulsione, troviamo gli organi di compattazione, troviamo il raschiatore e tutti gli altri elementi strutturali che servono al sostegno e al funzionamento dell'attrezzatura

Ecco che sorge spontanea una domanda.

PERCHÉ I MONOSCOCCA?

A cosa servono i monoscocca rispetto ai compattatori, perché esiste questa differenza e quindi perché è così importante?

Se le attrezzature monoscocca hanno ottenuto una fortuna tale da poter essere definite come una categoria a sé stante, lo dobbiamo proprio alla loro grande singolarità: il fondo fatto da un unico pezzo, una scocca singola, appunto un mono-scocca, monoblocco.

Ma perché è tanto importante questo elemento differenziante?

Con questa caratteristica il monoscocca diventa l'attrezzatura perfetta per la raccolta e il trasporto di rifiuti di tipo umido-organico.

Tutti i tipi di rifiuti, in proporzioni diverse, sono "carichi", se così si può dire, di due elementi particolari: acqua e aria.

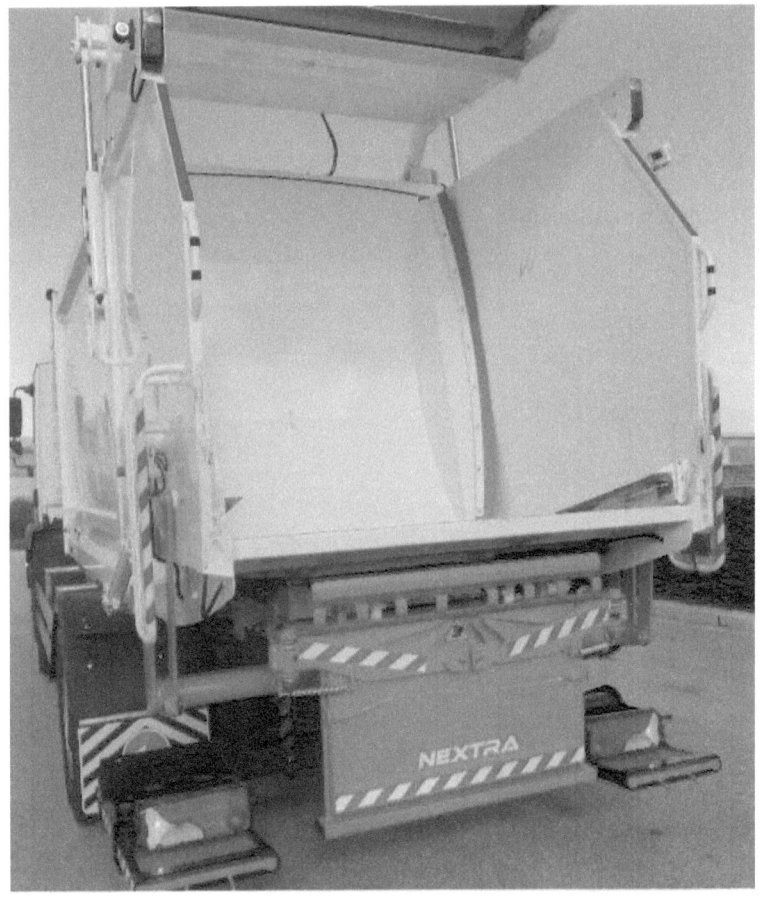

Durante la fase di compattazione, sono proprio l'acqua e l'aria contenuti all'interno dei rifiuti, i primi residui che vengono liberati dal rifiuto stesso.

Se l'aria, per ovvie ragioni, ha la possibilità di fluire all'esterno, l'acqua invece no.

Questa cola dal rifiuto compattato e si deposita sul fondo della cassa.

Questo processo tecnicamente potrebbe essere definito come un processo di "riduzione volumetrica".
A parità di spazio, la quantità di rifiuto compattato sarà maggiore rispetto ad un rifiuto non compattato che conferiamo nello stesso spazio!

Ecco che nello stesso metro cubo di spazio abbiamo stipato molto più rifiuto, proprio perché questo è stato ridotto di volume, dopo essere stato compattato, compresso.

Quindi in altre parole, il rifiuto nel suo stadio iniziale, diciamo nel momento in cui entra all'interno del cassonetto, presenta un certo volume che si misura in metri quadri. Nel momento in cui questo entra nel processo di compattazione, ecco che le azioni di compattazione della pala, del carrello e della paratia di espulsione, ne riducono il volume, come abbiamo già visto.

Non voglio entrare ora nei dettagli più tecnici, anche se ti confesso che mi piacerebbe molto, ma ci addentreremmo troppo in profondità in un discorso molto più tecnico, e perderemmo di vista l'obiettivo principale di questo capitolo.

Ti basti sapere che questo processo di compattazione viene effettuato per i quintali e quintali di rifiuti che sono contenuti all'interno di una cassa di un compattatore.

Ecco che il risultato di tutte le forze che agiscono sul rifiuto creano il liquame che si deposita sul fondo della cassa.

Ora, se torniamo ad osservare ancora le foto che abbiamo visto in precedenza, possiamo capire come agisce il monoscocca rispetto al normale compattatore.

Il compattatore, essendo diviso in due parti, cassa e cuffia, è provvisto di una guarnizione, che dovrebbe garantire una certa tenuta dei liquidi, come abbiamo visto nei dettagli nel capitolo dei compattatori.

Questo accade però solo in via teorica, perché se da un lato è vero che la guarnizione di per sé garantisce la tenuta stagna, dall'altro lato basta poco per rendere meno efficiente o addirittura del tutto inutile quella guarnizione. Un danno lungo la guarnizione oppure un qualche rifiuto che si frappone tra cassa e cuffia, poggiando sulla guarnizione, creano un passaggio perfetto per il liquame, che quindi finisce inevitabilmente per terra, con conseguenze serie per l'azienda che gestisce la raccolta, se ciò avviene lungo una strada pubblica!

Il monoscocca invece evita questo problema alla radice, creando una struttura, dove la tramoggia è unita indissolubilmente alla cassa e alla cuffia. La cuffia, in quanto tipo di attrezzatura, altro non è che un supporto per gli organi di pala e carrello, che si muove indipendentemente dalla tramoggia.

Forse tutte queste parole potrebbero averti confuso, ma il concetto base è davvero molto più semplice di quello che sembra.

Se scansioni il codice qui in basso potrai vedere nel dettaglio uno dei nostri monoscocca per capirne le reali caratteristiche!

Adesso sei pronto per passare all'ultima categoria "bonus", per così dire.

Scopriamo insieme cosa sono le cosiddette "*multi-attrezzature*"

CAPITOLO 10

LE MULTI-ATTREZZATURE

L'ultima categoria, se di categoria vera e propria si può parlare, è quella delle cosiddette multi-attrezzature.

Si parla di multi-attrezzatura quando abbiamo diverse attrezzature (più di una insomma) su uno stesso telaio.

Due vasche, due costipatori, una vasca e un costipatore, due compattatori ecc.

Le combinazioni possono essere tantissime!

E sappi che la tendenza del mercato sta andando proprio in questa direzione.

I miei clienti più importanti stanno dotando il proprio parco mezzi proprio di questo tipo di attrezzature!

Ma perché le multi-attrezzature si stanno sviluppando così tanto?

Non voglio entrare nei dettagli di scelte politiche ed ecologiche, ma oggi le abitudini di raccolta sono molto cambiate rispetto al passato. Con gli obblighi sulla raccolta differenziata, si sta diffondendo sempre più la tipologia di raccolta del porta a porta, con tutti i suoi annessi e connessi.

Ed ecco che le classiche attrezzature non sempre rispondono bene a queste nuove necessità di raccolta.

Nascono così delle soluzioni dedicate a questo tipo di raccolta.

Moltissimi nostri clienti hanno incluso nel proprio parco macchine, delle multi-attrezzature che si occupano della raccolta di diverse frazioni di rifiuto, in uno stesso turno di lavoro.

Perché?

- Perché ci sono vantaggi economici sul numero di telai che acquisti;

- Perché ci sono vantaggi (enormi) sugli sprechi di carburanti per questi mezzi - il carburante per una macchina costa meno del carburante di due macchine, easy! -

- Perché ci si svincola da vecchi sistemi di raccolta, in molti casi ormai obsoleti, e si va verso nuovi e più efficaci sistemi di raccolta **RSU**.

Uno dei nostri clienti storici, da quando ha iniziato il proprio servizio di raccolta differenziata porta a porta, si è munito di diversi **BIFAST**.

IL BIFAST

Il BIFAST è uno dei nostri modelli di doppio costipatore. Un costipatore a carico posteriore ed uno a carico laterale, montati insieme su un telaio che può andare da 75 q e 100/120 q di massa totale a terra.

Il costipatore laterale ha una capacità di poco meno di 3m³, mentre quello posteriore ha una capacità di 5,5m³.

Con un rapporto di costipazione piuttosto elevato (3,5:1) gli operatori di quest'azienda riescono a caricare 2 diversi tipi di rifiuti su uno stesso mezzo, durante lo stesso turno di lavoro!!!

Ovviamente, molto sta all'organizzazione del gestore: le tue competenze nella gestione dei giri di raccolta e dei turni, in questo caso sono estremamente importanti e con un tipo di attrezzatura del genere, avrai sicuramente una freccia in più nel tuo arco.

C'è chi utilizza i nostri **BIFAST** per raccogliere la plastica e il vetro, c'è chi utilizza un **BIFAST** senza costipatori, ma soltanto con vasche semplici per raccogliere l'organico e il vetro o ancora chi raccoglie umido e carta oppure carta e plastica.

La verità è che non esiste una soluzione perfetta per tutti, in maniera assoluta e questo è chiaro! Ma non è difficile trovare una soluzione specifica per le necessità di ogni diversa raccolta.

IL COMBO

Un'altra delle nostre multi-attrezzature è invece dedicata a chi ha la possibilità di utilizzare macchine più grandi, perché magari le strade dove lavora gli permettono il passaggio di un telaio 3 assi.

La multi-attrezzature che ha delle capacità ancor più grandi ed importanti è il nostro COMBO... maos'è il COMBO?

Il COMBO è una doppia attrezzatura, formata da un compattatore a carico posteriore e una vasca a carico laterale.

Il compattatore ha una capacità che può variare dai $13m^3$ ai $16m^3$, in base alla lunghezza del telaio, al passo e ad altri fattori. La vasca laterale, invece, ha una capacità di ben $4m^3$.

Puoi osservare quanto questa bestia di attrezzatura sia imponente!!!

E credimi quando ti dico che lavora davvero bene, molto meglio di tante altre attrezzature che ci sono in giro!

Ecco cosa mi ha scritto il direttore generale di una grande azienda europea che sta utilizzando le nostre attrezzature:

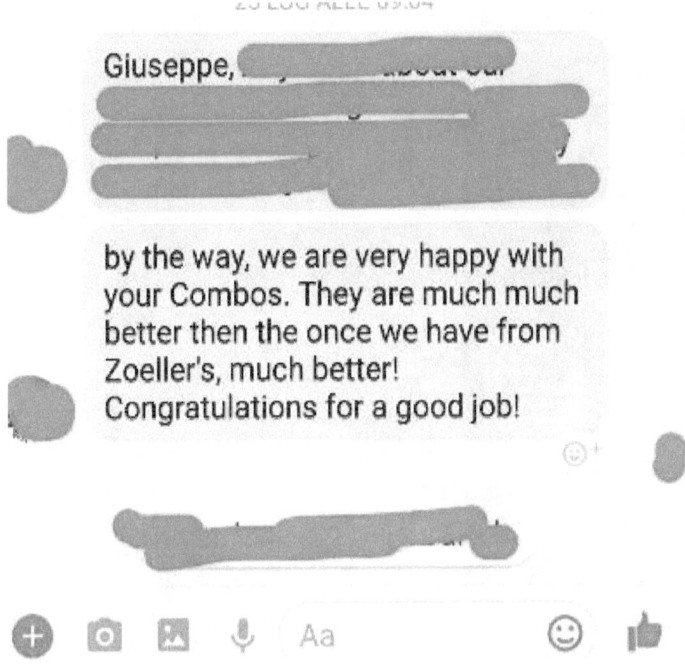

Puoi capire che per ovvie ragioni di privacy non posso rivelarne l'identità in questo libro, ma sono certo che non metterai in dubbio questa fantastica testimonianza!

Se vuoi vedere questa bestia all'azione scansiona il codice che trovi alla prossima pagina!

QUANDO LA MULTI-ATTREZZATURA

La scelta di una multi-attrezzatura può essere una scelta perfetta per diverse situazioni.

Ci sono casi in cui introdurre questo tipo di attrezzature può fare la differenza per centinaia di migliaia di euro risparmiati, nei costi dell'azienda!

Ma attenzione, perché questo tipo di attrezzature non è una scelta che può andare sempre bene per tutti, quindi ecco alcuni motivi perché NON dovresti acquistare una delle nostre multi-attrezzature:

- **Non gestisci la raccolta differenziata**

- **Raccogli soltanto un'unica frazione di rifiuto al giorno o per turno**

- **Non hai abbastanza personale per gestire più di una persona su un mezzo**

Non ti sto dicendo di NON valutare questo tipo di attrezzatura, anzi!!!

Semplicemente devi capire se può fare al tuo caso, perché d'altro canto, invece, non sono pochi i clienti che sono soddisfattissimi di attrezzature di questo genere, perché stanno risparmiando parecchi soldi ottimizzando il loro giri di raccolta e consumando molto meno carburante!

Quindi ecco alcuni motivi per cui potresti (e dovresti!) avere una delle nostre multi-attrezzature nel tuo parco mezzi:

- **Raccogli più di una tipologia di rifiuto nello stesso giorno, o vorresti farlo**

- **Utilizzi diversi mezzi che fanno lo stesso giro, per raccogliere diverse tipologie di rifiuto**

- **Vuoi risparmiare preziosa liquidità finanziaria che oggi sprechi per i carburanti**

- **Vuoi potenziare la raccolta di una frazione di rifiuto senza dover stravolgere tutta la tua organizzazione**

Queste due soluzioni che ti ho presentato, sono interessanti e ben diverse dalle attrezzature del passato, anche per un aspetto non di poco conto, ovvero la distribuzione dei diversi tipi di rifiuto.

In altri modelli, troverai spesso una divisione delle attrezzature in senso longitudinale, vale a dire cioè, due vasche o due compattatori posti uno a destra e uno a sinistra.

L'incognita principale di quel tipo di attrezzature è proprio lo sbilanciamento che si crea durante la raccolta, cioè se raccolgo ad esempio a destra plastica e a sinistra vetro... puoi immaginare come il camion venga sbilanciato e non è esagerato dire che si rischia che unendo diversi fattori ovviamente, questo possa ribaltarsi!!!

Con le attrezzature di cui sopra, invece, la distribuzione del rifiuto è longitudinale, quindi il baricentro del mezzo sempre all'interno della sagoma del veicolo! Semplice ed efficace!

Scegliere questo tipo di multi-attrezzatura può fare davvero la differenza, quindi se credi che possa fare al caso tuo contattami adesso!!!
Potremo vedere insieme la soluzione migliore per la tua azienda!

CAPITOLO 11

LE SACRE SCRITTURE DEI CAMION DELLA MONNEZZA

Durante gli anni di studio universitari, ho avuto la fortuna di leggere e studiare molti miti greci e latini.
Storie fantastiche e ancora oggi attualissime ed entusiasmanti!

Nella maggior parte delle tragedie greche, c'è sempre qualcuno che sfida la sorte, che va contro gli dei, che non ascolta il loro volere e quindi non segue le regole e, come è facilmente prevedibile, finisce sempre e inevitabilmente nel peggiore dei modi.

Ti chiederai cosa c'entrano gli dei dell'Olimpo con i camion della monnezza? Perché ti dico questo?
Perché voglio riflettere insieme a te, sull'importanza delle regole.

Siamo e saremo sempre innamorati degli eroi che sfidano tutti e tutto, e disubbidiscono ad ogni regola per poter cambiare una situazione e migliorare la loro vita o la condizione dei loro cari. Ma nella realtà che ci circonda dobbiamo essere davvero grati che esistano delle regole!!!

Non fraintendermi, non sto parlando di burocrazia o di quelle tante e troppe leggi ed emendamenti inutili con cui ci ritroviamo a scontrarci ogni santo giorno!
Di quel tipo di "regole" ne ho piene le scatole, come sono certo sarà anche per te!

Sto parlando, invece, di regole che nascono per dei motivi giusti e sensati, da esigenze e necessità reali e non da capricci dei governanti o per i sotterfugi della politica.

In ogni settore ci sono delle regole, degli standard o delle norme da rispettare.
Senza di esse sarebbe il caos, ognuno farebbe come crede e finiremmo per autodistruggerci nel giro di un paio di settimane! Garantito!

Meno male che, anche nel nostro settore, ci sono delle regole e delle norme da conoscere e rispettare. Ti presenterò adesso, alcuni di questi punti fermi, in questo nostro oceano di rifiuti!

MASSA TOTALE A TERRA

Iniziamo dall'M.T.T., che non è un tipo di esplosivo o di droga moderna!

M.T.T. è l'acronimo che sta per Massa Totale a Terra, o anche utilizzato come P.T.T. (Peso Totale a Terra). Per abbreviare possiamo parlare di Massa Totale.

Questa è una delle caratteristiche basilari e fondamentali di ogni auto-telaio.

Il dato della massa totale a terra è talmente importante che, per indicare un certo auto-telaio, molto spesso si sente chiamarlo per numeri e non il nome del modello!

"La vasca va allestita su questo 35" oppure "Questo costipatore deve essere montato su un 75".

Infatti, in base a determinati parametri tecnici e costruttivi e quindi in base anche ai regolamenti del codice stradale dello stato dove circolerà, ogni camion ha una propria M.T.T., ovvero un valore che si esprime in chili, quintali o tonnellate.

Cosa significa quindi questo valore?

Questo valore numerico rappresenta il peso massimo consentito su quel determinato telaio, in altre parole, il veicolo potrà circolare entro e non oltre il peso indicato dalla propria massa totale a terra. Quindi, il mezzo, durante il corso della sua vita, non potrà e dovrà mai pesare oltre quanto indicato da questo dato.

Facciamo qualche esempio.

Se un camion ha una massa totale a terra di 3.500 kg significa che può pesare al massimo 3.500 kg.

Se un altro telaio riporta una **M.T.T.** di 7,5 tonnellate significa che può pesare al massimo 7.500 kg.

Un camion da 120 quintali di **PTT** potrà avere un peso massimo di 12.000 kg.

Entriamo più nel dettaglio, perché confondersi in merito a questo argomento, è davvero facile. Infatti non è subito intuitivo che in quel peso totale a terra di, ad esempio, 3.500 kg debba rientrare anche il peso stesso del camion!

ALT! Cosa?

Sì, perché ad una massa totale di 3.500 kg va sottratto anzitutto il peso del telaio stesso, ad esempio di 1.900 kg.

Ergo restano ancora liberi, così 1.600 kg.

Ed è qui che entriamo in gioco noi.

In quel peso residuo deve rientrare il peso dell'attrezzatura che monteremo sopra al telaio scelto!

È proprio per questo che per noi la scelta dell'auto-telaio è di fondamentale importanza. Se scegli il telaio sbagliato avrai problemi anche con l'attrezzatura e non solo. Per questo abbiamo il dovere di assistere, consigliare e aiutare i nostri clienti sempre in questa fase, che spesso viene sottovalutata.

Se il cliente sceglie un auto-telaio non idoneo o sbagliato o peggio sceglie e acquista l'autotelaio prima di essersi confrontato con l'allestitore, questo potrebbe avere influenze negative anche sull'attrezzatura!

Se vuoi salvaguardare ciò che acquisti e non buttare in discarica non solo i rifiuti, ma anche i tuoi soldi, c'è un percorso corretto da seguire.

Il più giusto percorso o processo che i miei clienti svolgono con noi (anche se loro non ci fanno caso!) è questo:

1. Il cliente ha un'idea di massima di ciò che vuole, sia in termini di auto-telaio che di attrezzatura.

2. Ci propone un telaio e ci invia le schede tecniche o ci indica l'esatta marca e modello.

3. Noi facciamo uno studio di fattibilità, in cui studiamo "l'allestibilità" del telaio e l'accoppiamento con l'attrezzatura.

4.   A. Se la fattibilità è positiva, perfetto! Si va avanti e si inizia la costruzione!

4.   B. Se la fattibilità è negativa, proponiamo subito un'alternativa che riesca a soddisfare quanto richiesto dal cliente (o dalla gara).

Seguendo questo processo di quattro step, riusciamo a prevenire tantissimi problemi e a farti risparmiare una marea di rogne e tempo!

In alternativa potremmo lasciarti da solo, come fanno moltissimi altri concorrenti, perché magari non vogliono contraddirti per paura che questo ti faccia andare da qualche altro fornitore, o perché così risparmiano parecchio lavoro.

Mi spiace ma non è così! No no baby!

In questa prima fase si lavora insieme per un obiettivo semplice: prevenire i problemi, eliminare le future perdite di tempo per risolvere eventuali dubbi e problemi, risparmiare soldi (perché va bene la gloria e il bene comune, ma buttare soldi? No grazie!) e per risparmiare rotture di scatole.

Quindi torniamo alla guida del nostro mezzo e ricapitoliamo:

Hai comprato un telaio.

Il suo **PTT** è di 3.500 kg.

Il peso del telaio è 1.900 kg.

Quindi restano disponibili ancora 1.600 kg.

Sì, ma disponibili per cosa? Ovviamente per l'attrezzatura che verrà montata sopra e...

E..? E per la **portata utile legale!**

Ecco che introduciamo il secondo argomento di questo capitolo.

La portata utile legale.

PORTATA UTILE IL-LEGALE!

Ai dati che abbiamo visto fino ad ora, aggiungiamo il peso dell'attrezzatura stessa, ad esempio 1.100 kg.

Quindi senza rifare tutti i conti da zero, restano a disposizione:

$$1.600 \text{ kg} - 1.100 \text{ kg} = 500 \text{ kg}.$$

Ecco che finalmente abbiamo ottenuto uno dei dati più importante di tutti: la portata.

Ma perché questo è uno dei dati più importanti? E prima ancora, che cos'è questa benedetta portata utile legale di cui si sente sempre parlare?

Il significato di portata utile legale, o carico utile, non è difficile da comprendere, infatti molto semplicemente la portata utile legale altro non è che il massimo carico di merce (nel nostro caso di rifiuti) che la legge consente di trasportare su quel determinato esemplare di veicolo.

Come ho detto all'inizio di questo capitolo, come gli dei dell'antica Grecia, la legge permette alcune cose e ne vieta altre! In questo caso la regola obbligatoria è che non è possibile superare la portata. Cioè non è consentito che il peso del mezzo superi quello della sua stessa massa totale a terra.

Quindi un mezzo che he una massa totale a terra di 3.500 kg non può mai pesare più di 3.500 kg!

Il problema o meglio, la necessità che hanno tutte le aziende che svolgono il servizio di raccolta è che un mezzo deve riuscire a svuotare quanti più bidoni possibili durante il turno di lavoro. Per dirla in un altro modo, un veicolo non può andare a scaricare (in discarica o al centro di raccolta o dovunque altro sia) se non è pieno e stracolmo fino al massimo e a volte anche oltre... ma questo credo tu lo sappia meglio di me!

Parliamoci francamente.

Davvero un mezzo potrebbe tornare indietro dal turno di lavoro quando ha raggiunto la portata utile legale, anche dopo aver svuotato solamente 3 o 4 bidoni belli pieni?!

Ovviamente se il mezzo uscisse solo per quei pochi bidoni sarebbe giustamente uno spreco di tempo e risorse. I costi del servizio aumenterebbero troppo. Un veicolo non può finire il proprio turno mezzo vuoto o giù di lì!

Quindi una realtà quotidiana, taciuta da tutti diventa abbastanza chiara:

nessuno s'interessa davvero della portata utile legale!

Purtroppo, il pensiero comune è che la cosa importante non sia la portata utile legale in sé, quanto la quantità di rifiuto che quella macchina può caricare. Che poi sia o meno legale caricarne così tanto, questo è un fattore che viene considerato secondario!!! Triste, ma ahimè è questa la realtà.

IL VASO DI PANDORA

Ecco scoperchiato un altro vaso di Pandora!

Sì, sono sicuro che a sentire queste parole qualcuno potrebbe sentirsi offeso, perché magari ha la coda di paglia e sa di essere nel torto in questo caso... ma non sentirti giudicato, perché la realtà è proprio questa e sinceramente... davvero, ti capisco.

Non avrebbe senso fare il contrario, anche se la legge dice il contrario!

Attenzione però! Non sto dicendo che sia giusto, e non sto incitando nessuno a comportarsi in questo modo... dico solo che è un problema comune e che il problema reale non è il superare la portata in sé.

Il cancro, in questo caso è altrove.

Il problema è errato dal principio e nasce da una "moda" tutta italiana.

COSA FANNO NEL RESTO DEL MONDO?

Con tutti i miei clienti non-italiani questo problema della portata utile sempre limitatissima... non esiste... perché?

Riprendiamo un attimo i numeri che abbiamo visto in precedenza.

1. Massa totale a terra del telaio: 3.500 kg

2. Peso del telaio: 1.900 kg

3. Peso dell'attrezzatura: 1.100 kg

RISULTATO: Portata utile legale: 500 kg

In questa equazione abbiamo 3 fattori principali che ci fanno ottenere la portata.

Massa totale, telaio e attrezzatura.

Quindi se vogliamo ottenere un risultato diverso, in termini di portata utile legale, dobbiamo agire su uno o più di questi tre fattori.

Il peso dell'attrezzatura lo si può diminuire e alleggerire quanto si può, ma fino ad un certo limite, perché come abbiamo appreso nei capitoli precedenti, meno peso c'è e meno qualità nei materiali strutturali c'è. Quindi occhio, stai attento a chi ti promette attrezzature troppo leggere!!!

Il peso del telaio invece difficilmente cambia, perché i costruttori di telai non fanno mai un passo avanti verso gli allestitori. Sono loro i padroni del gioco e comandano loro. Tutti gli altri devono adattarsi. Ciò che fanno sempre loro è AUMENTARE i pesi e quasi mai diminuirli.

Quale dato resta quindi?

Ovviamente la massa totale a terra del telaio!

Possiamo cambiarla? Certo!

Basta cambiare direttamente il telaio!

Quindi se cambiamo telaio e magari passiamo ad un telaio con una MTT di 7.500 kg, ecco che i dati iniziano a cambiare.

1. Massa totale a terra del telaio: 7.500 kg

2. Peso del telaio: 2.600 kg

3. Peso dell'attrezzatura: 1.600 kg

RISULTATO: Portata utile legale: 3.300 kg

BINGO!

Torna su e guarda che differenza!

Siamo passati da una portata utile legale di appena 500 kg ad una portata di ben 3.300 kg!

Ovviamente hai notato che anche il telaio stesso e l'attrezzatura hanno un peso maggiore, perché sono ovviamente attrezzature diverse! Più grandi e con molta più capacità.

Ma se anche montassimo la stessa attrezzatura su un telaio più grande avremmo comunque più capacità di carico e molta più portata!

Qual è la differenza nella pratica?

Che i tuoi operatori con questo mezzo più grande posso tranquillamente caricare quanto rifiuto vogliono senza il timore e il rischio che si superi la portata utile legale del telaio, per contro però avrai bisogno di operatori in possesso di una patente di guida C...

Probabilmente se stai leggendo questo libro avrai dei mezzi che non hanno problemi da questo punto di vista, ma avrai sicuramente altri mezzi che hanno di questi problemi.

È normale e lo capisco. Non sono qui a giudicarti, ma a consigliarti di monitorare la situazione per poter intervenire per risolvere il problema ed evitarlo per il futuro!

SEMPRE ALL'ERTA SUI CHILOGRAMMI!

Ci sono dei clienti che chiedono delle attrezzature ultra stratosferiche, impressionanti, piene di optional e gingilli vari che chiaramente, oltre che il loro costo, hanno il loro peso!

Perché il peso è la medaglia di scambio, il controvalore da pagare in questi casi.

A me piacerebbe davvero creare delle attrezzature con lamiere con spessori molto alti, con dei bei pezzi di ferro pieno che ti durano anche trenta o quart'anni... ma ahimè non è possibile. Nessuno può, quindi stai attento a chi ti dice di sì, perché poi il problema potrebbe essere tuo!

E chi ti dice il contrario, ti sta prendendo per i fondelli ben due volte:
una quando paghi tanto per quei materiali così importanti
e l'altra quando ti certifica o ti "fa carte false" facendo quadrare tutti i pesi per pura magia.

So di miei "colleghi" costruttori tuttofare, che si sono visti bloccare le macchine in fase di collaudo dagli ingegneri della Motorizzazione

Civile, o peggio in fase di revisione, perché le portate risultanti dai loro documenti non coincidevano con i pesi reali.

Mi piacerebbe davvero poter fare nomi e cognomi, ma sarebbe stupido e controproducente, ti basti pensare che chi adopera questi trucchi, li fa con il tuo fondoschiena in gioco, non con il proprio.

Sei tu, è la tua azienda e chi ci lavora dentro che rischia. Poi quando succedono le disgrazie nessuno sa nulla...

Come tutelarsi ed evitare che il proprio sedere finisca sul tavolo da poker!

UNA SOLUZIONE

Come ti ho detto poco fa, la miglior cosa è fare la scelta giusta del telaio in base agli obiettivi e alle necessità che si hanno.

So bene che un telaio più grande significa costi maggiori e magari in certi casi, un telaio più grande vuol dire anche una patente di categoria superiore, come una patente C, per intenderci.

Ma se mettiamo sulla bilancia i vantaggi di avere un telaio più grande, contro gli svantaggi, sicuramente i vantaggi sono maggiori!

Vediamone alcuni:

- Hai molta più portata utile legale!

L'abbiamo visto finora. Con un mezzo che ha una portata utile maggiore non corri rischi inutili e puoi sfruttare davvero il 100% del mezzo.

- Puoi installare molti più optional utili!

Quando il peso non è più un problema si ottiene la libertà di organizzare la macchina al meglio, quindi possiamo installare optional o caratteristiche migliori per la nostra attrezzatura... magari uno spessore maggiore su alcuni elementi così che l'attrezzatura diventi molto più resistente!

- La capacità aumenta!

Con un telaio con una massa totale maggiore, l'attrezzatura che si va ad installare sopra è più grande, quindi ha molta più capacità di carico sia legale, che reale. In questo caso il mezzo viene sfruttato al massimo e questo fa ripagare interamente e molto più velocemente, l'investimento per il mezzo e l'attrezzatura.

- Hai più valore residuo!

Una macchina più grande, una volta che avrai necessità di venderla avrà un prezzo di vendita maggiore, quindi ti frutterà ancora di più (sempre a patto che tu faccia manutenzione e ci tenga allo stato dei tuoi mezzi).

CAPITOLO 12

CONCLUSIONE

Quanto hai letto finora non è che una parte del racconto di un mondo molto più grande e complesso. Questo però non deve spaventarti o intimorirti, anzi! Credo che lo spirito migliore con il quale ci si possa approcciare a questo fantastico mondo delle attrezzature per la raccolta rifiuti, sia quello di curiosità, apertura mentale e voglia di conoscere e migliorarsi.

E ORA?

Adesso che siamo arrivati insieme al termine di questa prima avventura, non ci resta che... ricominciare con un nuovo percorso! Ogni fine è sempre un nuovo inizio, quindi ti suggerisco di continuare questo tuo percorso di formazione e informazione in questo settore.

Nello stesso momento ti invito a visitare ed iscriverti al mio canale YouTube - Giuseppe Sannicandro - dove troverai tanti video sempre nuovi.

Se invece, vuoi pormi delle domande o richiedere informazioni di qualunque genere sulle attrezzature per la raccolta rifiuti, puoi inviarmi una mail all'indirizzo g.sannicandro90@gmail.com

Adesso che siamo arrivati davvero alla fine, non ci resta che salutarci per rivederci il più presto possibile. Non mi resta che augurarti buona fortuna e tanto lavoro, quindi ti auguro tanta monnezza!

- Giuseppe Sannicandro -

Se quanto hai letto finora ti è piaciuto e vuoi darmi una tua opinione, o magari hai bisogno di qualunque informazione, puoi scrivermi all'indirizzo email di seguito:

g.sannicandro90@gmail.com

BIO:

Giuseppe Sannicandro, vive in Italia, classe 1990.

È immerso nel mondo delle attrezzature per la raccolta rifiuti, sin da tenera età, prima con l'azienda del padre e oggi con la propria.

Con le sue aziende ha progettato e costruito più di 3000 veicoli che circolano in tutta Europa e non solo.

Parla fluentemente 4 lingue, musicista per passione, adora la letteratura e l'ingegneria, è appassionato di scrittura e marketing.